昔も今も、そしてこれからも、またおかわりしたい

從前、現在、往後，還想再吃一次的料理

昔も今も、そしてこれからも、またおかわりしたい

KAZU 著

推薦序——融合回憶與食譜、青春與感動的溫暖散文

相信看過ＫＡＺＵ社群的人，應該不少是被他簡單清楚、一看就懂的食譜，以及那種無厘頭卻又讓人會心一笑的幽默感吸引住了吧？（至少我是如此）。從一開始只是網友，到後來變成會相約吃飯的朋友，才慢慢認識到他細膩柔軟、認真投入的另一面。看完初稿後，更因為他對童年記憶與味道的描寫細節，讓我深深佩服他所擁有的情感深度。

這本書是由一位擁有日台混血背景的美食愛好者撰寫的作品，既像回憶錄也像美食散記。我相信有不少人跟我一樣，無論語言、文化，甚至飲食習慣與生活方式，都在某種程度上受到日本的影響，也因此在潛移默化中與日本產生了多層次的連結。日本與台灣同樣擁有對美食無比熱愛的靈魂，而ＫＡＺＵ用輕鬆卻又具穿透力的散文、溫度十足的照片，加上簡單實作的食譜，搭起了一座跨越兩地、連結記憶與味覺的橋樑。我相信，即便文化本質上有所差異，但透過食物的力量，台灣讀者依然能夠輕易共鳴，甚至在其中看見自己過去的影子。

不得不讚賞ＫＡＺＵ的中文能力，居然能將記憶中的味道描寫得如此細緻。我曾問他：「為什麼那麼小時候發生的細節你都能記得那麼清楚？」他笑著回答：

「我也說不上來，好像就是特別會記得這些事。」

能有這個榮幸為ＫＡＺＵ的作品寫下推薦序，讓我感到十分開心。在閱讀的過程中，我不時因為篇章中的描述而彷彿聞到了書中料理的香氣，而伴隨而來的回憶畫面，也悄悄在腦海裡重現。所以，不論你是對日式料理、地方文化、旅行見聞感興趣，還是偏愛短篇散文、親情友情等人生風景（又或是單純喜歡ＫＡＺＵ本人），我相信你都能在這本書裡找到能打動你的一頁。這是一本融合回憶與食譜、青春與感動的溫暖散文集，誠摯推薦給你。

康士坦的變化球——吉他手ＡＲＮＹ

自序——找回心中獨一無二的味道

從桃園國際機場搭上飛機，降落在關西國際機場的那一刻，第一個念頭就是奔向便利商店，買一個鹽飯糰，大口咬下去。當熟悉的鹹味瞬間在口中擴散，內心不禁浮起「啊，又回到日本」的悸動。就這樣，鄉愁和感慨悄悄漫上心頭，連淚水都險些奪眶而出。

這些年在台灣生活，雖然在語言和文化上難免有差異，但並不感到委屈或不適應，幾乎每天都過得快樂充實。只不過，一旦碰觸到那些「記憶裡的味道」，心底深埋的鄉愁便會輕輕牽引出眼角的淚水。加上快要邁入四十歲，內心變得更柔軟脆弱，也許因此更容易感傷吧！

我不曾體驗過奢華的名流世界，也不是什麼絕世網紅，只是一個平凡到不能再平凡的中年大叔而已。每天在社群網站上分享一些日本家常料理，不知不覺竟被冠上「網路紅人」的稱號。

私底下，我是個略微在意膽固醇、偶爾被說「已經有點接近肥胖囉」的普通大叔，有時候一個月才和朋友見上一回，許多人的生活肯定都比我繽紛閃亮。然而，就算這樣一個再普通不過的人，近四十年來也吃過不少料理。好吃的當然不勝枚舉，但確實也遇過糟糕的味道。

食物不符期待，生氣之餘的我寫過一星評價，也曾在意見調查表上寫下「不好吃」的評語，結果店家打電話來質問，氣勢洶洶逼問：「哪裡不好吃？說！」我忍不住激動地回答：「全部都不好吃！」「我不喜歡！」「真的就是不好吃！」然後電話被對方掛了。過了不久之後，那家店就歇業了。

我曾因為家人把我想吃的咖哩偷吃一空，跟對方大吵一架；或是在媽媽帶我去吃拉麵的時候，感到無比雀躍；有時候身心俱疲，吃下一碗熱呼呼的蕎麥麵，竟感動到眼眶溼潤。我想，類似和食物相關的回憶，你肯定也有不少吧！

我在這本書裡，回首自己半生走過的歲月，記錄下那些與各種食物相遇、錯過和被感動的片段。希望讀者透過這些日常片段，能對日本料理有更深一層的認識，進而產生興趣。

在書中，我並沒有寫什麼深奧的分析或飲食理論，大家翻開這本書的時候，請隨興一點，輕鬆翻閱就好。如果能在閱讀的同時，與自己的「食之回憶」重疊在一起，或許就在那一刻，你也找回自己心中獨一無二的味道。

CONTENTS

CHAPTER 1

以愛佐味，記憶中閃閃發光的料理

CHAPTER 2

是青春啊！那些永誌不忘的滋味

CHAPTER 3

快樂出航，微風中的旅人之味

CHAPTER 1

以愛佐味，記憶中閃閃發光的料理

舌尖上燃燒的金平牛蒡

媽媽的金平牛蒡藏著後勁，
第一口會感覺有些甜，
但是當你開始吃白飯時，
辣味就會追上來在舌尖燃燒……

每年一次，母親會為我做大量的金平牛蒡。並不是因為我考試得了滿分，或通過什麼測驗，甚至是贏了棒球比賽這一類值得慶祝的事，單純只因為她心血來潮。

金平牛蒡是一道非常簡單的料理，將切絲的胡蘿蔔和牛蒡用香油炒香，再以米酒、砂糖、醬油、味醂、辣椒和白芝麻調味。

母親的金平牛蒡總是放入大量切成小段的辣椒。每次放學回家，總能看到一盤已經稍微冷卻的金平牛蒡堆成小山，每次看到都會讓心情為之雀躍。

微焦的醬油散發出醬香，味醂讓菜餚泛著光澤，白芝麻閃閃發亮。興奮地送入口中，胡蘿蔔和牛蒡的脆嫩口感，加上鹹甜調味，讓人一吃上癮。

媽媽的金平牛蒡藏著後勁，第一口會感覺有些甜，但是當你開始吃白飯時，辣味就會追上來在舌尖燃燒。

好辣！

太辣了！

即使喝水或吃飯也無法消除的辣味！

這不是小學生可以接受的辣度，辣椒毫不留情在舌頭上燃起熊熊烈焰。但就是這種味道讓人無法抗拒。每當有金平牛蒡的日子，我都會開心地多吃好幾碗白飯。

母親總是倚靠在廚房門邊，一手拿著啤酒，看著我吃飯。就算我跟母親說：「明天也想吃。」她也只是微笑，直到隔年才會再做。

不喜歡做菜的母親，大概是覺得麻煩吧！金平牛蒡雖然是簡單料理，但想到要將牛蒡和胡蘿蔔統統切絲，確實有點費工。所以，不愛做菜的母親，無論我如何懇求都拒絕再做。

她總是微微笑著，就是不肯動手，倒是麻婆豆腐幾乎天天都能吃到。

我曾經疑惑為何麻婆豆腐可以，金平牛蒡不行。媽媽一邊吐著煙，一邊微笑告訴我說：「因為速食包很方便啊！」

金平牛蒡是日本和食的經典菜餚，不只學校午餐有，便當店和超市也能輕易買到。但是，這些地方做的金平牛蒡，都不像母親做的那麼辣，總讓我覺得少了點什麼。

國中時期，午餐吃的是自備便當。朋友看到我帶的便當盒裡有金平牛蒡，總會要求：「讓我嚐一口。」

我開心地與朋友分享最愛的金平牛蒡，但朋友們吃了一口，紛紛喊說：「太辣了！」一邊用手在嘴邊做出搧風動作，無論我如何邀請，都拒絕再吃第二口。

上高中時，母親確定患上糖尿病。在離家步行五分鐘的診所裡，我得知這個消息。回想起來，曾經那麼愛吃辣的母親，不知不覺變成愛吃甜食的人。不知從何時開始，一年一度的金平牛蒡也不再辣了。

我原本以為是因為我長大，所以能吃辣了，但細細想來，母親心血來潮做的金平牛蒡，明顯感覺年復一年甜味愈來愈重。隨著我日益長高，母親的身體卻被慢性病不斷侵蝕。

不知不覺，即使沒有白飯，我也能吃完一大盤金平牛蒡。但是，從那時起，我再也吃不到記憶中的味道。失去之後才知道思念，我渴望再一次品嚐母親做的金平牛蒡，於是開始四處尋找配方。

「不愛做菜的母親，說不定是從店裡買來的。」一邊這麼想著，一邊嚐遍了各個店家，還是找不到記憶中的辣味金平牛蒡。

也是，全日本喜歡吃大辣金平牛蒡的人，大概只有我和從前的母親了。每次那一大盆牛蒡，都由我和母親兩個人吃完。

二十年過去了。現在，我站在自己的廚房裡。像從相簿中尋找珍貴的舊照片一樣，我仔細翻閱記憶，試圖重現母親的味道。

記憶中，我吃過母親心血來潮做的金平牛蒡，可能不到十次吧！但腦海中的味道卻如此鮮明。我無論如何都想要重現它。嘗試過單純地增加辣椒或減少糖，都無法重現小學時代吃到過的美味，那配著熱騰騰白飯又辣又過癮的母親味道。

是胡蘿蔔的品種不同嗎？

是醬油的選擇不同嗎？

是辣椒的種類不同嗎？

是比例的問題嗎？到底哪裡不一樣？

無論過了多少年，始終找不到答案。從今以後，每次做金平牛蒡，我大概都會繼續追尋那渴望卻不可及的味道吧！

看著爬行追逐胡蘿蔔玩具的女兒，我許下心願：「等女兒長大後，一起做金平牛蒡吧！」

一開始，女兒吃了可能會辣到想哭。但是我會告訴她：「這就是奶奶的味道喔！」

為此，今天我也要繼續做金平牛蒡。即使味道改變了，這份思念是否能跨越世代傳承下去呢？

從母親到我，再從我到女兒。你是否也有這樣縈繞不去的回憶滋味呢？

復刻媽媽的金平牛蒡

分量 4～5人

材料

牛蒡……1支
胡蘿蔔……半根
辣椒……半根
料理酒……2.5大匙
日本胡麻油（香油）……2大匙
辣椒粉、白芝麻……適量

調味料

砂糖……2大匙
醬油……2大匙
味醂……2.5大匙

作法

1 洗淨牛蒡。將鋁箔紙揉成一團後，將牛蒡放在水下沖，一面用鋁箔紙磨去牛蒡表面的土和外皮。

2 將牛蒡切絲，放在清水中浸泡5分鐘。

3 胡蘿蔔切絲。

4 在碗裡將調味料混合。

5 起一個炒鍋，放入胡麻油熱鍋。

6 放下牛蒡絲及胡蘿蔔絲拌炒。然後加入料理酒，拌炒均勻。

7 倒入調味料炒至收汁。

8 起鍋前，加入辣椒粉或白芝麻，味道更香。

9 金平牛蒡冷卻過程中會變得更加入味，很適合作為冷便當的配菜。

我的料理初體驗

當「米飯可樂餅」的異國韻味，
輕輕在舌尖流轉時，
我彷彿在那個狹小的廚房裡，
一口一口品嚐了廣闊的地球。

小時候，站在廚房的一隅，那裡彷彿是一座小小實驗室，母親將量匙和木匙整齊排列，一切井然有序。還在就讀幼稚園的我，像個探險家一樣，興奮地翻找著冰箱裡的寶藏。

每次打開冰箱門，微微的冷氣中夾雜著淡淡的蔬菜清香，輕輕拂過鼻尖。在這個低溫的寶庫裡，胡蘿蔔、白蘿蔔、洋蔥等各式蔬菜被隨意地存放著。

不知為什麼，我對小黃瓜情有獨鍾，只要找到了，滿心沉醉地將它們切成薄薄的圓片，什麼也不沾，單純地吃個不停。

一根接著一根，我賣力地切著小黃瓜片。仔細端詳，那光滑翠綠的外皮，包圍著透明如星光般閃爍的種子切面。清新的黃瓜香氣，輕輕撩動著食欲。

我將薄如滿月的小黃瓜片放入口中，清脆的咀嚼聲，伴隨著清涼汁液在舌尖綻放，這份爽口的滋味，讓我變身成為一位小小國王，心滿意足地享受著屬於自己的味覺奧祕。

終於吃到滿足了，才突然想起來，把剩下已切好的小黃瓜片遞給母親。母親帶著幾分無奈表情，將它們做成沙拉。

裝在小碗裡的小黃瓜片，依然保持著爽脆口感，與沙拉醬交纏融合，等到這一天的尾聲，搖身一變，成為餐桌上的一道佳餚，為晚餐增添一抹清新。

類似情節，也曾在其他食材上發生過。某天，出於一股莫名的好奇心，我把冰箱裡的生雞蛋全都煮成水煮蛋。

瓦斯爐上，小鍋裡咕嚕咕嚕地沸騰著，潔白的蒸氣在廚房上空擴散，像一層輕薄的雲幕。在那陣蒸氣幕簾後，我站在小凳子上，得意洋洋地注視著鍋裡的雞蛋，彷彿是一場令我引以為傲的成就。

當所有的雞蛋都煮好後，我開心地拿起一顆，什麼也不加，大口吃了起來。不過一會兒，肚子便被填滿，剩下的雞蛋只能原封不動地放回冰箱裡。

到了晚上，我早已經忘記自己任性的舉動。直到廚房裡傳來母親憤怒的聲音，才猛然想起自己「把所有雞蛋煮成水煮蛋」的創舉。

當時的我，完全不明白母親為什麼要生氣。直到如今，自己為人父了，倘若我的孩子做了同樣的事，我想我也會像當年的母親一樣，忍不住出聲責備吧！

親手料理的喜悅，從可樂餅開始

當我進入小學就讀時，第一次認識到圖書館這個神祕空間，為我單純的飲食世界染上了第一道色彩。

一直記得，靜謐的圖書館深處，穿過兒童書籍區後，有個書架上排列著古老的食譜書。當我翻開書頁，紙張經年累月堆疊出的氣味，為陳舊的書籍醞釀出一股獨特的書香。坦白說，那些食譜是什麼，書的封面和書名如今已不復記憶，唯獨其中記載的一道「起司米飯可樂餅」的作法，至今仍在腦海中清晰如昨。

為什麼會被這道料理深深吸引？或許是因為「起司」這種魔法食材，激發了我年幼的想像力。抑或是那種從未見過的「把飯糰拿去油炸」的奇異構思，喚醒了內心某種不可思議的冒險衝動。

總之，那時的我有著一種難以抑制的渴望——一定要做出這道起司米飯可樂餅，不，是「必須」做出來不可！

對於年少的我來說，能用自己的雙手「創造出某樣東西」，是一件充滿儀式感的事。就像將世界的一小部分，收歸到自己的掌心之中，只要這麼想著，內心就興起一種微妙的興奮。

後來，每當有人在訪談中問起「人生中第一次做的料理是什麼」時，我總是懶得細說，只簡單回答：「是可樂餅。」然而事實上，真正讓我體會到「親手料理的喜悅」，並清晰記憶下來的，正是那道起司米飯可樂餅。

這道料理的作法其實非常簡單。將剛煮好的白飯，輕輕撒鹽捏在掌心，中心塞進披薩起司，雙手輕巧地將飯糰揉成圓滾滾的形狀，那動作宛如在創造一顆未知的小星球，充滿孩童天真的創造樂趣。

接著，讓它裹上一層如粉雪般細緻的麵粉，再讓蛋液將整顆飯糰濕潤包覆，最後撒上酥脆的麵包粉，彷彿穿上一件柔軟外衣。

當飯糰被輕輕滑入攝氏一百八十度的熱油中時，「滋！」的一聲，瞬間劃破廚房的靜謐，宣告奇蹟即將誕生。在米飯球慢慢轉為金黃色的那一刻，我的心也隨之雀躍。

因為年紀尚小，危險的油炸步驟只能交由母親代勞，但即便只是站在一旁看著，心中依舊滿溢著激動和期待。熱油中不斷跳躍的細小氣泡，像是熱烈的祝福煙火，歡慶這道料理的誕生。

料理，讓世界無限延展開來

將那顆金黃的可樂餅放入口中時，外層的麵衣發出清脆的「喀滋」聲，隨著牙齒一寸寸向內推進，鬆軟的白飯逐漸浮現，藏在中心的起司，像熔岩般柔滑地流洩開來，將舌尖緊緊包覆住。

「飯糰」與「油炸物」，這兩種日常再普通不過的食物，在異國風情的巧思點綴下，融合成一道來自異次元的美味，瞬間幻化為前所未有的料理體驗。那豐富的滋味層次，為我打開了一扇通往新世界的大門。

嚴格說來，若要遵循義大利米飯可樂餅——「阿蘭奇尼 **Arancini**」的正統作法，應該搭配番茄醬汁才對。然而，我家並沒有義大利人，廚房裡也從未備著什麼番茄醬汁。所以，我選擇淋上常見的番茄醬。

那甘酸微甜的紅色醬汁緩緩流下，與起司和米飯完美地交融在一起，為味蕾描繪出一道全新風景。這是一個既非日本，也非義大利的小小料理世界，也是我家廚房裡誕生的、獨一無二的味覺宇宙。

那一刻，我感受到一種心靈顫動的喜悅——用自己的力量創造出佳餚，再親自品嚐、確認它的存在，並將滋味銘刻於舌尖之上。

這種喜悅，就像透過自己的雙手，將電視螢幕上遙遠的異國風景，一下子拉近到眼前，化為真實可及的事物。而食譜書是一本虛擬護照，透過味覺這扇魔法之門，讓人模擬體驗從未聽過的語言、未曾踏足的土地。只需一道料理，世界便能無限延展開來。

意識到這一點的瞬間，我在心底悄悄將這份記憶銘記下來。畢竟那時的我，只是一個小學一年級的孩子。真正讓我著迷的，是與朋友們放學後在巷口的零食店流連，隨手將零錢換來的糖果零嘴胡亂塞進嘴裡，或是沉浸於玩寶可夢遊戲的歡樂中。對料理的熱情，只是短暫劃破天際的一道閃光。

但我知道，即使在多年後的今天，當我已成為大人，那道微弱的閃光，依舊在內心深處閃爍著，提醒我，當年的那份喜悅與悸動，從未真正消逝。

廚房裡迴盪的切菜聲，油鍋裡輕輕爆開的節奏，就連當年被母親責罵的記憶，如今都像是一首溫柔的懷舊樂曲。現在想來，當年將小黃瓜切成圓片的那個單純動作，似乎隱藏著一股重新構築世界的力量。

那時的我尚且年幼，不知道世界的盡頭在哪裡。但當「起司米飯可樂餅」的異國韻味，輕輕在舌尖流轉時，我彷彿在那個狹小的廚房裡，一口一口品嚐了廣闊的地球。

我清晰記得，融化的起司從米飯可樂餅的中心，緩緩流洩而出，那一刻我真切感受到，一個未知的世界，正從眼前奔湧而來，浩瀚無垠。

今天，我再次打開食譜，像踏上旅途一般，追尋那份來自未知世界的滋味。一步步，一頁頁，透過料理，繼續這場未竟的味蕾旅程。

KAZU KITCHEN

おいしい料理

KAZU KITCHEN

日式烤飯糰變身茄汁義大利燉飯

分量 1～2 人

在家做油炸料理很麻煩，所以想跟大家分享一個味道差不多、做起來卻輕鬆許多的偷吃步料理。如果手邊剛好有冷凍烤飯糰，直接丟下去烹飪最省事；就算沒有，用便利商店買的三角飯糰來改造也一樣讚！

成品吃起來有點像義大利燉飯，當消夜超合適。沒有烤箱也別怕，用微波爐一樣可以做得香噴噴、很好吃喔！

材料

烤飯糰……1顆
起司……1片
無糖番茄汁或番茄罐頭……150毫升
番茄醬……1大匙

作法

1 全材料放入耐熱容器中，放進烤箱以攝氏200度加熱5分鐘。
2 等番茄汁烤到溫熱、起司融解，即可上桌。
3 吃的時候攪拌在一起，混著吃。

TIPS

上桌前，不妨撒上一點巴西里粉增添香氣。
喜歡甜甜的風味，可以增加番茄醬的用量。

笛聲悠悠夜鳴拉麵

街燈如聚光燈一般，
打亮了小小的麵攤，
那是一個只有我和母親的世界，
醬油香氣縈繞於兩人之間。

晚餐結束後，當電視聲漸漸消失時，我不由得豎起耳朵，靜靜聆聽。遠方傳來的笛聲，劃破了夜的靜謐，伴隨著清冷的夜風，那音色如同魔法一般，輕輕撩動著我的心。

是夜鳴拉麵的聲音。

在過去的日本，有著這樣一種奇妙的文化。隨著笛聲響起，拉麵攤不知從何處冒了出來。有時，開著卡車而來；有時，推著手推車，靜靜佇立於街角。有時，每週都會出現；有時，卻像是心血來潮，半年才來一次。

＊日文中的「煮干し」（NIBOSHI）是指小魚乾，沙丁魚、竹筴魚、飛魚，都是常見可做為小魚乾的魚類，經過熬煮的小魚乾高湯，鮮美盡釋，是提味神器。

在我上小學之前，我們家就已經四分五裂，母親帶著我一同消失無蹤。那時，母親在一間小酒吧工作。每當夜裡她回到家時，身上總是裹著菸草和酒精的氣息，習慣性地問我：「肚子餓不餓？」

窗外，隱約傳來一陣悠悠的笛聲。

無論肚子是否真的餓了，只要聽見那陣笛聲，我的心就會雀躍不已，因為聲音代表著能吃到拉麵。

「肚子餓了。」我這麼回答時，母親便會用左手拿起她的小包包，右手緊緊牽著我的手，帶我走向外頭，深沉的夜色迎面而來。

第一次吃夜鳴拉麵時，攤子靜靜地佇立在街角。

這個住宅區的一隅，白天時什麼也沒有。那輛手推車式的無名拉麵攤，到了夜晚忽地出現，麵攤開張了。

攤前只擺著三張椅子，母親和我兩人坐了下來。

鐵鍋裡的水咕嚕咕嚕滾沸著，拉麵香隨著夜風輕輕飄散開來，撩撥著我的鼻尖。蒸騰的熱氣後面，老爺爺默默將煮好的麵條撈起，姿態像極了一場單人秀的獨角戲。

夜鳴拉麵，是極其簡單的醬油拉麵。以煮干（＊）、柴魚等魚介高湯，或是雞骨熬湯為基底，加上醬油與味精調味；配料則是筍乾、叉燒、鳴門卷、海苔與水煮蛋，這些都是經典搭配。

我記得，當時吃到的夜鳴拉麵，放的不是滷蛋，而是最普通的水煮蛋。麵條也軟軟的，與現在的拉麵完全不同。

湯頭沒有現代拉麵那麼重鹹，適合作為晚餐後的夜宵，連小小年紀的我，也能輕輕鬆鬆吃完一整碗。

寒冷的夜晚，熱湯溫暖了我的胃。麵條帶著淡淡的蛋香，柔軟的口感與醬油味較淡的湯頭相互幫襯，出奇地美味。

「還是泡麵比較好吃。」當時的我內心深處其實是這樣想的。

但看著母親坐在一旁，微笑注視我吃麵的樣子，年幼的我努力表現出「好吃」的表情。

水煮蛋沒有特別的調味，叉燒也稍微有些硬。和現代精緻的拉麵相比，這碗夜鳴拉麵確實顯得樸素而平淡。但不知為何，每當聽見那陣笛聲，我就會想起這碗平凡無奇的拉麵。

街燈如聚光燈一般，打亮了小小的麵攤。那是一個只有我和母親的世界，醬油香氣縈繞於兩人之間，我低頭吃著拉麵，彷彿與世隔絕。

「媽媽不餓嗎？」我曾經這樣問過媽媽，但母親從未與我一起吃過拉麵。

然而，那些年母親坐在我身旁，菸草與酒精氣息中交織著醬油湯的香味，卻深深鏤刻在記憶中。

長大成人後的我，雖未曾學會抽菸，但不知不覺地習慣了在深夜，將威士忌酒瓶擱在身旁，獨自度過漫漫長夜。這時，我會將熱水注入泡麵中，靜靜地等待熱氣將麵條泡軟。

那碗「雖然平淡無奇卻又溫暖」的拉麵，如今再也嚐不到了。即使豎起耳朵傾聽，窗外也不會再傳來熟悉的笛聲。

或許在日本的某個角落，依然有人在夜深人靜時，靜靜吸著麵條，吃著夜鳴拉麵，品嚐只有親子間才存在的、那個與世隔絕的甜蜜小世界。

我一邊吃著熱氣騰騰的泡麵，一邊陷入回憶當中，恍惚間，想起了那個被遺落在遙遠夜晚的，母親的側臉。

おいしい料理

簡易版家庭醬油拉麵

分量 3 人

材料

拉麵……3人分量

醬油高湯

水……800毫升

味霸……2大匙

醬油……3大匙

味精……1小撮

配料

蔥花

海苔

叉燒肉

水煮蛋

作法

1 將醬油高湯的材料混合並煮沸，湯底即完成。

2 在滾水中將拉麵麵條煮至喜歡的軟硬度，撈起瀝乾，放入醬油高湯中。

3 依個人喜好加入蔥花、海苔、叉燒肉、水煮蛋等配料。若想改變口味，可加入少許芝麻油會更美味。

發燒咖哩飯

儘管毫無食欲，
我卻渴望著一碗咖哩飯。
這個食譜非常簡單，
即使發著高燒，也能夠完成……

不知道為什麼，每當發燒的時候，特別想吃咖哩。

便利商店或超市賣的咖哩雖然不錯，但如果親手做，就更完美了。發燒時，我最想吃的療癒食物，就是用佛蒙特咖哩這類咖哩塊做的「日本家庭咖哩飯」。

記得那是二十歲的某個早晨，我發燒到攝氏四十度，全身的關節都在痛。僅僅躺著都覺得痛苦，若勉強起身，虛弱的身體讓我立刻跌回床上，身上的痛楚、昏沉的腦袋和幾乎被掏空的體力，根本無法支撐站立。

儘管毫無食欲，我卻渴望著一碗咖哩飯。然而，家裡一個人也沒有，如果想吃，就必須自己動手做。但體力已經透支，冰箱裡什麼材料都沒有。

其實沒有的東西太多了，讓我不禁懷疑，自己究竟還擁有什麼。打開冰箱，裡面不僅沒有食物，連喝的都找不到。我懊惱著，為什麼沒在發燒前一天去買些食物呢？但那天的發燒，事前毫無徵兆，我也沒有預知能力，這樣一想，連「預知能力」也被我加進「沒有的清單」中。

無奈之下，我拿起手機，在記事本上列出購物清單：

【咖哩的材料】

□馬鈴薯
□胡蘿蔔
□洋蔥
□牛肉塊
□咖哩塊

當時我唯一還擁有的，是錢包裡僅夠買這些食材的錢，以及一點點力氣。

奇怪的是，原本家裡有的體溫計這時不見了。我記得早上用過後，順手放在桌上，現在卻消失了。於是，體溫計也被列入「沒有的清單」。

看了一下時鐘，已經下午三點了。好像在哪個電視節目裡聽過，曬太陽能讓人精神振作。雖然節目中沒有提到日光浴是否能退燒，但心想只要曬曬太陽，精神應該會好一點。

於是，我決定出發前往超市。

拖著疲憊的身體和昏沉的意識，原本只需十五分鐘路程，就能走到的超市，那一天我足足花了一個小時。意外地，在超市裡遇見了青梅竹馬的媽媽。她看到我的「慘況」後說：「早知道你要出門買菜，告訴我一聲，我就幫你買了呀！」

可惜的是，我不知道青梅竹馬家的電話號碼，也不知道她媽媽的手機號碼。於是「沒有的清單」上又多了一項：「電話號碼」。

接下來，在超市裡遇見鄰居的阿姨們也紛紛對我說：「早說嘛！我就幫你買了呀！」當第五個阿姨說出這句話時，「沒有的清單」上又多了五個電話號碼。

一邊和阿姨打招呼，一邊搜尋要購買的材料，終於找齊了做咖哩需要的食材，順利結帳。我還買了一支體溫計，這下終於可以量體溫了。

回程路上，我搖搖晃晃走著，又遇到一位鄰居阿姨向我打招呼。為什麼這麼多人認識我呢？我有些納悶，但很快想起來，她們都是媽媽的朋友。「要是有人能用車或自行車載我回家就好了。」我一邊想著，一邊步履蹣跚地走著，又花了一個小時才走回老公寓。

到家時，已經過了下午五點。雖然沒有什麼精力，更別說食欲了，但就是特別想吃咖哩。於是，我照著咖哩塊包裝盒上的食譜，開始動手做咖哩。

先把洋蔥切成適合入口的大小。雖然眼睛被切開的洋蔥熏到流淚，但相比之下，頭痛更讓人難以忍受。接著，我把馬鈴薯和胡蘿蔔切成較大的塊狀，然後就只剩下炒香這些材料了。

這個食譜非常簡單，即使發著高燒，也能夠完成，這一點讓我感到欣慰。我在鍋裡熱了點油，把洋蔥慢慢炒到焦糖色。無意中往窗外一瞥，發現街道正被夕陽染成一樣的焦糖色。當洋蔥炒到糖化反應後，鍋中散發出的甜美香氣，讓人忘卻剛才眼睛的刺痛感。

隨後，我將馬鈴薯、胡蘿蔔和牛肉塊一起下鍋炒，再加水煮至軟爛。在這段大約需要三十分鐘的慢火燉煮時間裡，雖然想躺下休息，又擔心爐火不敢入睡，只好坐在椅子上看電視打發時間。

回想起來，電視上說的「曬太陽能讓人元氣滿滿」似乎真有些道理。比起一直躺在床上，現在的我感覺精神好了一些。太陽公公，謝謝你，讓我可以吃上美味的咖哩。

三十分鐘過去，心想蔬菜應該已經軟了吧？揭開鍋蓋，用竹籤試戳了一下馬鈴薯，輕輕一刺就穿透了。再試胡蘿蔔，也同樣輕易刺穿，只有牛肉塊似乎還有些硬，發著高燒的我已經等不及了。將火關掉後，我在鍋中加入咖哩塊。

電視節目上說過，把咖哩塊切碎會更快融解，但我不想再多洗刀具和砧板。看著咖哩塊在熱湯中慢慢融化，我的意識也逐漸模糊。現在，離咖哩完成只差最後一步了。

重新打開瓦斯，轉成小火，慢慢攪拌，讓咖哩和材料再煮十分鐘，終於完成這道濃稠誘人的「家庭咖哩」，這是每個日本人都熟悉的味道。鍋中的咖哩散發出辛香料的濃烈香氣，充滿整個房間，刺激著我的胃口。

雖然身體疲憊不堪，內心卻充滿了成就感。「終於做好了！」我忍不住喊出聲來。空蕩蕩的房間裡，迴響著我激動的聲音，伴隨著咖哩的香氣，提醒我——啊！忘記煮飯了……

即使立刻開始動手，白飯也要近一個小時後才能煮好。意識到這個現實，我頓時感到絕望，澈底耗盡僅存的力量。看了一眼時鐘，已經晚上七點了，做這鍋咖哩竟然整整耗掉兩小時。

我用剛買的體溫計量了一下體溫，還是四十度。即使曬了太陽，燒也沒退，只是讓自己疲憊不堪地做了一鍋無法馬上吃到的咖哩。更糟糕的是，我終於意識到自己發著高燒，根本沒有食欲。

「等燒退了再吃咖哩吧！」這麼決定後，我便沉沉睡去了。

該吃咖哩了吧？迷迷糊糊看了一眼時鐘，已經凌晨三點了。我似乎睡了很長一段時間。量了量體溫，已經降到三十七度。比起曬太陽，看來還是睡覺更有效。

我打算去吃點咖哩，但找遍廚房，卻不見那鍋咖哩。不管怎麼查看，咖哩都消失得無影無蹤。打開冰箱，裡面只有一盒冷冰冰的便利商店咖哩，還有一張孤零零的紙條，上頭寫著：

「咖哩很好吃，謝謝。買了一盒便利商店的咖哩給你代替。　叔叔」

在那一瞬間，我感覺全身的力氣都消失了。本來以為終於能吃到咖哩的希望，一瞬間被奪走。眼前的便利商店咖哩，看來冰涼蒼白毫無生氣。

我並不想吃便利商店的咖哩啊！不知因為憤怒還是剛才的高燒，我的頭再次昏昏沉沉。好不容易降下來的燒，似乎又上來了。

還是忘了咖哩，去睡覺吧！一切都變得無所謂了，努力不一定有回報，這個事實讓我深感無力。我倒在床上，感覺到被窩的溫暖。然而，就在這一刻，我感到一絲違和感。不是因為發燒而引起的寒意，而是一種更加具體的感覺，從屁股下傳來的冷冷的感覺。

原來是體溫計！早上我以為丟失的體溫計，竟然一直藏在我的內褲裡。

就在失去咖哩的悲痛中，我唯一得到的東西，竟然是這支失而復得的體溫計。

KAZU KITCHEN

おいしい料理

KAZU KITCHEN

日式家常咖哩飯

分量 2～3 人

材料

牛筋……600公克

洋蔥……1顆

胡蘿蔔……1根

調味料

牛高湯……800毫升

咖哩塊……1/2盒

作法

1 牛筋切塊，以滾水汆燙後備用。汆燙後的湯汁記得保留下來作為高湯。

2 洋蔥切薄片，放入鍋中炒成褐色。（用奶油或沙拉油炒都可以。）

3 洋蔥轉成褐色焦糖化後，將胡蘿蔔削皮切滾刀，一同加入鍋中翻炒。

4 接著加入牛高湯（這次使用汆燙牛筋後剩下的高湯），並加入牛筋，蓋上蓋子燉煮到胡蘿蔔變軟。

5 胡蘿蔔煮軟後，加入咖哩塊融解，續煮10分鐘即可上桌。

TIPS

1 高湯的用量請視咖哩塊包裝上的建議調整。

2 有時間的話，推薦讓咖哩放涼後再次加熱，味道會更入味。

歡迎加入大阪人的行列

把調和了高湯的麵糊倒入小洞裡，
丟進紅薑絲、蔥花，
最後再放入煮好的章魚。
那一刻，我的臉頰像見到初戀般微微泛紅……

從幼稚園時期就在大阪長大的我，早就被大阪同化到自稱大阪人。然而，讓我打從心底認同自己是大阪人的關鍵，卻在幾個意想不到的時刻——

1. 學會說大阪腔。
2. 成功讓同學笑到不行。
3. 登上通天閣。

雖然以上這些都很有大阪味道，但真正的分水嶺，其實是在「買了章魚燒機」的那一刻。

「在大阪，家家戶戶一定都有一台章魚燒機。」大阪人對章魚燒的熱愛，的確就像這句話形容得那麼誇張。事實上，大阪人的家裡真的都有章魚燒機，就連獨居的人也不例外。

我自幼稚園起就在大阪長大，雖然出生地在其他縣市，但說起話來完全是大阪腔。那種獨特的關西腔調，自然而然從嘴裡蹦出；逗人發笑的本事，也在日常生活中自然養成。當然通天閣上過了，也在草地上仰望過太陽之塔，USJ（編按：日本環球影城）更是去過不知幾回，大阪美食早就吃透透……

從我自己的角度來看，毫不懷疑大阪基因早已深入骨髓。然而，身邊的人總是用一種理所當然的語氣說著：「章魚燒機？我們家當然有啊！」只有我，每次只能支支吾吾：「啊……我們家還沒買……」那是一種說不出口的落寞感。

更別提的是，大家似乎都曾親手做過章魚燒；雖然大阪到處都有店面，可以買到現成章魚燒，要吃完全不成問題。但能自己在廚房或客廳裡，把那小小的圓球翻滾得香氣撲鼻、外酥內軟，同時和家人或朋友一起鬧哄哄地享受料理過程，才算是大阪人的「正式洗禮」。

因此，在二十歲之前，我總覺得自己還不是真正的大阪人，每當有人問：「你家有章魚燒機嗎？」心裡就會生出一種莫名的自卑。

「我們家沒有……」要把這句話說出口，多麼令人喪氣啊！

在家就能做的幸福章魚燒

或許有人好奇，章魚燒機哪裡買？我是去電器行用五百日圓買到的，便宜到不可思議。但就在那一刻，我終於成為大阪人了。

只要把章魚燒的鐵板擺在面前，不知為何，笑容就會自動爬上臉頰。把調和了高湯的麵糊倒入小洞裡，丟進紅薑絲、蔥花，最後再放入煮好的章魚。那一刻，我的臉頰就像見到初戀般微微泛紅，彷彿染上了章魚的顏色。

此時，我以「大阪人」身分，頭一次親手烤章魚燒。等這道洗禮結束，自己就能算是個堂堂正正的大阪人了。

等麵糊開始冒出細小氣泡時，就用細長的竹籤輕輕轉動。表面逐漸變得酥脆，翻出一顆圓滾滾、可愛得像小動物一樣的金黃圓球。就在那一瞬間，圍繞在鐵板四周的人，臉上都露出幸福的笑容。

替可愛的小球淋上自己喜歡的醬汁，濃郁的香氣立刻瀰漫開來，像小型廟會般熱鬧。再撒上薄薄的柴魚片，讓它隨著熱氣輕舞，美乃滋劃出一道道白色線條，最後撒上海苔粉或加點蔥花，簡直就是天使降臨的畫面。一口咬下去，黏糊滑順的麵衣裡，帶著Q彈的章魚脆感。這時候，已不需要任何多餘的語言。大家一邊喊著「好燙！」一邊哈哈大笑，四周立刻洋溢著暖暖的懷舊氣息。

能在家裡體驗這一切，真是幸福。我想，我一直渴望的，就是這種美好。其實，就算沒有章魚燒機，在大阪的街頭巷尾，想吃章魚燒再容易不過。最讓我著迷的店，是在心齋橋美國村的「甲賀流」。他們的蔥花鋪得滿滿的，蔥香混合在章魚燒麵糊的高湯風味裡，讓這小小的球體充滿和食精髓，從小吃到大，都不曾厭膩過，實在讓人佩服。

另外，還有一種叫「章魚仙貝」的吃法，用仙貝夾著章魚燒。小學時，我最愛這種點心，各家店裡都能找到。價格上沒有直接買章魚燒划算，但仙貝的酥脆和章魚燒的軟嫩交織，讓人忍不住一口接一口，怎麼都吃不膩。

其他像「わなか（WANAKA）」或「くくる（kukuru）」的章魚燒也相當美味。但這三家通常都大排長龍。要是不想排隊，我就會去「じゃんぼ總本店（Jumbo Sohonten Honten）」。在大阪，各處都能找到這家店的分鋪，做出來的章魚燒，符合大阪人心中「好吃」的平均水準，讓人很安心。

大阪人對章魚燒的要求標準

老實說，章魚燒的味道大抵差不多，主要是醬汁和高湯決定了整體風味。大阪人對章魚燒的要求很簡單：「外皮酥脆，內裡柔軟滑嫩。」就這樣而已！我個人最喜歡的，正是這種外酥內嫩的口感對比，只要能吃到那種外脆內軟的反差感，哪家店都能令人滿足。

如果有人問我，最喜歡哪家店的大阪燒，我大概會說：「都不錯啊！」聽來真是個沒有主見的男人。身為一個不算太陽剛的大阪人，還請大家多多包涵，畢竟我的爸媽都不是真正的大阪人，因此不算失禮吧！

談到章魚燒的回憶，並不僅限於專門店。小時候，放學回家途中會經過好幾家雜貨店，他們也都會在店門口賣章魚燒。一顆十日圓，三十顆只要三百日圓。換算成當時的新台幣，也不過一百元就能吃到三十顆。

放學後，我會跟朋友們笑鬧著，一起湊錢買下好幾十顆，然後就坐在雜貨店外的小板凳上狼吞虎嚥。一邊吃、一邊聊著：「明天要在學校玩什麼？」感覺未來能一直延伸到無盡的遠方。

時光飛逝，前陣子我再度去尋找那家雜貨店時，早已人去樓空，鐵門深鎖，周遭景色也跟記憶裡大不相同。看著眼前的光景，不禁湧現一股苦澀的緬懷感觸，心想：「現在的孩子，大概再也無法體驗我小時候的日常了吧！」

心裡多了幾分寂寞。

那麼，如今的小孩，會在哪裡接觸到章魚燒？這樣下去，章魚燒文化會消失嗎？我想倒也不至於。畢竟在大阪，大多家庭都還是有章魚燒機，依舊持續著章魚燒的美食文化，加上祭典的攤販生意也很興旺，大阪街頭的澱粉美食文化，依然根深柢固。更何況現在許多關西以外的人，也愛上章魚燒，這項象徵大阪的美食文化，應該不會那麼容易消失。

只不過，昔日那種三五好友圍在雜貨店前，用一顆十日圓硬幣買章魚燒、邊玩邊吃的場景，或許真的已成追憶。如今的小孩，也許會在 SNS（編按：社群網路平台）上分享「章魚燒的新奇吃法」，也會召集朋友開章魚燒派對，然後把這些過程都放上網路。

時代不同了，章魚燒自然也在變化與進化。換個角度想，也許這樣章魚燒才能擁有更寬廣的未來。

現在的我住在台灣，女兒也快滿兩歲了。我想，是讓她見識「這是章魚燒喔」的時候了。為了把她培養成一位頂尖的大阪人，我的美食教育就從這裡開始。然後，等她二十歲生日那天，我會送她一台章魚燒機，對她說：

「歡迎正式加入大阪人的行列！」

大阪章魚燒

分量 3～4人

材料

章魚……適量

紅薑……適量

蔥……適量

裝飾材料

章魚燒醬、柴魚片、美乃滋、海苔粉

麵衣材料

低筋麵粉……200公克

水……800毫升

烹大師鰹魚粉……1大匙

雞蛋……3顆

醬油、味醂……各1大匙

泡打粉……1/2茶匙

（泡打粉也可省略不用）

作法

1 先將章魚切成小塊。

2 青蔥切成蔥花。

3 紅薑切末。

4 將麵衣材料在缽中混合至沒有顆粒狀的麵糊。

5 在章魚燒機的鐵板上，充分抹上沙拉油，開中小火預熱。

6 等鐵盤熱了以後，在每個洞裡倒入麵糊（約洞的一半），接著放入章魚、蔥花及紅薑。

7 再追加倒入麵糊，倒至整個鐵板都有麵糊。

8 加熱至差不多凝固後，用錐子或竹籤將章魚燒翻面。再將周圍殘餘的麵糊塞進洞中，使章魚燒變成一個球狀。翻面後加熱至表面微脆，就完成了。

9 最後淋上章魚燒醬（全聯就可以買到現成的章魚燒醬）、柴魚片、美乃滋及海苔粉就完成了！

TIPS

1. 如果想多吃些蔬菜，也可以將高麗菜切末放進去喔。
2. 如果買不到章魚燒醬，也可以用大阪燒醬替代。

夜之城市魔力

真要做美味比拚，
大阪還有更多厲害的拉麵店可以選。
但總有那麼一刻，
「還是金龍最能滿足」
會在深夜裡悄悄地出現，
成為大阪的城市魔力。

閃亮的霓虹燈倒映在道頓堀川的水面上，明明已是深夜，卻亮得讓人誤以為還在白天。就在這條熙來攘往的繁華街上，帶著微醺的餘韻和朋友分別後的落寞，以及身上尚未散去的酒味，我停在「金龍拉麵」店門口。

若要推薦大阪最知名的拉麵店，非「金龍拉麵」莫屬。然而，「有名就等於好吃」這種直覺聯想，在這裡卻不太能夠成立。事實上，很多大阪人都會異口同聲說，這裡的拉麵「不好吃」「味道淡」「可是不知為什麼又突然

想吃」……

就這樣，這家店帶著一種說不清、道不明的存在感，屹立在大阪的深夜街頭。

在台灣，一風堂、一蘭等豚骨拉麵已經被普遍接受，大阪人也多半喜歡濃厚的拉麵口味。然而，濃厚或名店並不代表絕對「正解」，同樣的，也不見得有人會誇口說金龍拉麵是「至高無上」的選擇。畢竟，真要做美味比拚，大阪還有更多厲害的拉麵店可以選。但總有那麼一刻，「還是金龍最能滿足」，會在深夜裡悄悄地出現，成為大阪的城市魔力。

日本搖滾歌手甲本ヒロト曾經說過：「如果賣得好就代表是好東西，那世界上最好吃的拉麵應該是泡麵才對。」同理，名氣與美味並不一定劃上等號。

說到泡麵，它究竟是不是世界第一，或許很難定論，卻絕對美味且人人都愛。相較之下，金龍拉麵雖也同樣親民，卻連「世界第一」或「好吃」都很少被讚譽——它的招牌就這樣奇妙地矗然在那裡，讓人不知該如何評價。

大阪人普遍有種共識：「這家店就是吸引觀光客的地方，本地人不會特地去，但喝醉以後，不知為什麼就會被它的味道勾引。」

大阪人平常不會上門的另外一個原因是，店裡的白飯有股怪味。我曾懷疑是不是自己記錯了，特地問了大阪朋友。朋友說他兩年前也吃到過，因此斬釘截鐵地說：「真的不好吃。」所以應該不會是錯覺。

即使知道它沒有那麼美味，還是有一個瞬間會突然非常想吃「金龍拉麵」，背後或許蘊藏了只有道地大阪文化才理解的神祕吸引力，僅稍做逗留的觀光客，可能很難體會其中奧妙。

每次和朋友喝到有些微醺，胃已被撐到極限，酒意未退，明明只要再多喝一點，就會把肚子裡的東西全都吐出來，可是腦海深處依然會浮現「想吃拉麵」的邪惡聲音。即便快吐了，還是無法抵擋誘惑，這正是大阪人的天性吧！

當我在人潮裡踉蹌穿梭，莫名回神時，總會看見「金龍」的大招牌突然映入眼簾。那條綠色的龍與大大的文字，如同夜裡的燈火，發出魅惑的吸引力，召喚在黑暗中漂浮的人們靠近。

當下不是非吃不可，可是一旦招牌入了眼，便會誘發出一種難以言喻的衝動。

古時候的日本人，習慣以蕎麥麵或烏龍麵作為消夜，喝完酒後用清爽的湯頭撫慰肚子，是過去庶民的習慣。直到濃厚的豚骨拉麵風靡全國，喝醉後想來一碗豬骨湯的欲望，似乎更為高漲。不過，也並非所有人都喜歡濃醇重口；有時那種略顯淡薄的味道，更能在酒後疲憊的舌尖上，形成一抹水彩般的清淡餘韻，溫柔地擁抱深夜的胃。

雖然這時候直接回家，無論對健康還是荷包，都較為有利。可是，只要看到金龍的招牌，就是會忍不住朝那個半戶外、帶著屋台風情的店面走去。風從縫隙裡吹過，稍稍將醉意吹散，搖搖晃晃地找個位置坐下。

其實並沒有胃口，甚至不想吃，可偏偏還是點了叉燒拉麵，一邊擺出「啊，今天喝太多了」「頭好痛」的苦情臉，一邊舀起湯來喝。

果然，湯頭還是很淡，但那份淡薄，正好在這個瞬間撫慰靈魂。嚴格說來，蕎麥麵對胃應該更溫和，但日本人卻選擇在酒後，再補上一碗可能更加傷胃的豚骨拉麵。或許，這種行為本身就帶著一絲自虐意味。

現在問題來了，既然它不好吃，為什麼還要去吃？

初次到大阪觀光的朋友常問：「道頓堀那家金龍拉麵，好吃嗎？」多半的大阪人都會說：「不好吃啦，還是去別家吧！」他們說的確實是真話。但唯有超越「好不好吃」這種二元思維，才能領略這家拉麵店的真正精髓所在。

試想：毫無理由地和朋友一路喝到三更半夜，錯過末班車，在路上搖搖晃晃走著，突然被拉麵的香味牽著走，明明不想吃，卻還是走進金龍拉麵店裡。就算肚子飽得很，依然忍不住往碗裡狂加免費泡菜、蒜頭，配著那股怪

味的白飯狼吞虎嚥。

接著，迷迷糊糊地感慨「今天又喝多了」，卻對自己的放縱一點也不在意，心裡不知怎地還覺得「今晚真愉快呀！」

吃完麵後，再把白飯丟進湯裡，變成茶泡飯似的雜炊，一邊暗想「這樣感覺比較顧胃呢！」等到整個人都暖和起來，也舒坦了，這才下意識脫口說了一句：「這樣剛剛好。」然後莞爾一笑。

就在這一句「這樣剛剛好」裡頭，包含了大阪人對金龍拉麵的愛。只是這份愛，大阪人是不會輕易直說的。

畢竟，「不是因為好吃才去，而是因為它已自然而然嵌進大阪人的喝酒行程裡」，這種習慣與感慨，正是道地大阪人的性格寫照。

TASTY NOTE

在日本，除了鼎鼎有名的金龍拉麵，還有滿坑滿谷的拉麵名店，星羅棋布在大街小巷，各地風味迥異，大致可分為新潮派與古典派。

台灣早期的日式拉麵，多半承襲日本傳統滋味，鹹度輕柔，湯頭淡雅到能讓人一口氣把整碗湯喝得乾乾淨淨。其實，日本早年的拉麵並沒有如今這般重鹹。若你能搭上時光機，回到三十多年前的福岡，叫上一碗博多豚骨拉麵，搞不好會驚訝：「咦？豚骨湯頭怎麼這麼清爽！」

然而，不知從何時起，日本拉麵自行進化到鹹味爆表，日本人的舌頭也練就驚人的耐鹹功力。如此這般劇烈的演變，在其他料理中倒是難得一見。

因此，當你踏進那些赫赫有名的拉麵店時，與其只用「鹹或不鹹」「好吃或不好吃」來下判斷，不妨順道探尋一下高湯背後的歷史脈絡，或許多添的一抹故事趣味，能讓這趟拉麵之旅更加有意思呢！

怦然心動的滋味

只要有這麼一塊可樂餅在盤中，
就足以讓人不自覺揚起微笑。
雖然稱不上米其林級的奢華，
卻能神奇地撫慰人心。

當年來到台灣，最令我感到驚訝的事，是在 7-11 買不到可樂餅。

在日本，無論到哪裡都能輕易遇見的可樂餅，是宛如「餐桌上偶像」一般的存在，偏偏到了台灣，超級市場和便利商店裡竟遍尋不著。就算詢問店員，也只得到一個困惑的回問：「可樂餅是什麼？」

那一刻，我心裡彷彿出現一個大大的空洞。

日本料理在台灣明明很普及，卻沒有辦法在超市或便利商店輕鬆買到可

樂餅，這一點讓初次來台的我有些失望。雖然到日本料理店就能吃到，不過總覺得和「放學後順手買來吃」的隨興感差距甚多。

我曾跑遍市區的超市和便利商店，甚至仔細翻遍零食區，連影子都找不著。那時心裡的失落，至今仍深刻無比。

剛炸好的可樂餅外皮金黃酥脆，閃耀得彷彿江戶時代的金判錢幣。咬下一口，伴隨輕脆的聲響，柔軟又帶著微甜的馬鈴薯餡，立刻襲上舌尖。雖然燙口到有時會灼傷舌頭，我還是忍不住趁熱大快朵頤。

熱燙的可樂餅魅力無窮，但就算放涼了，甜味與濃郁風味依舊還在，直接吃也美味。就連微波爐加熱後軟化的可樂餅，也有一種說不出的可愛。

在東京，曾看過有人把可樂餅放進蕎麥麵裡；在咖哩中出現可樂餅，更是常有的事。那個隨處可見的偶像，到了台灣卻成為難以相逢的思念，教人不免感到一絲淡淡的悲傷。

回想童年時代的自己，常常在課堂上趴著睡覺，明明不怎麼累，卻總是一副疲憊的臉。可是一下課，精神就來了，我和朋友用身上僅有的零用錢，買兩個可樂餅，邊吃邊玩，一路走回家。

那是一連串甜美的記憶，放學路上，和朋友有一搭沒一搭的閒聊，手伸進制服口袋裡翻出零錢的聲音，等走到家門口，買好的可樂餅早已經不知不覺進了肚子。至於路上聊了什麼、可樂餅的味道如何，早已不復記憶，只記得心裡無比滿足。

我在大阪長大，一聽到可樂餅就會想到天神橋的「中村屋」。小時候一個可樂餅只要五十日圓，如今已漲到一百日圓，由此最能感受到物價和時代的更迭。

可樂餅是一道非常簡單的料理：把煮熟的馬鈴薯壓碎，加點調味，裹上麵衣後，放進油鍋裡酥炸。肉鋪通常會把不好賣的邊角肉剁碎，加進內餡裡一起炒製。那帶有澱粉微甜的馬鈴薯泥和一點點牛肉末，雖然稱不上米其林級的奢華，卻神奇地能撫慰人心。

無論是午餐或晚餐，只要有這麼一塊可樂餅在盤中，就足以讓人不自覺揚起微笑。

說到「可樂餅帶來的甜美記憶」，除了童年回憶的單純美好，另外一個原因，是可樂餅的馬鈴薯泥裡，加了讓人意外多的糖。不過，正因為如此，可樂餅是少數放冷了，也照樣好吃的食物。

當然，市面上也有不加糖的可樂餅食譜，只是在日本幾乎難得一見。在家偶爾還會有人做，餐館則幾乎不會出現。也許某些西餐廳裡能找到不甜的可樂餅，但在超級市場隨手可買到的可樂餅，幾乎百分之百都是甜的。

現在回想起來，日本的可樂餅的確甜得徹底，連夾在可樂餅麵包裡的醬汁，也是甜滋滋的。

為什麼日本人如此執著於甜味可樂餅呢？

因為如果直接吃，甜味確實是最能突顯可樂餅的美味。但如果調得太甜，放在便當盒中，好像就會跟白飯本身的淡淡甘甜互相衝撞。因此，我喜歡在便當裡的可樂餅上淋些醬油，讓它多點鹹香滋味。

思來想去，這些都不是重點，對當年那個思鄉的異國遊子來說，只要能享受到油炸馬鈴薯鬆軟的口感，以及那股甜得令人怦然心動的滋味，比什麼都重要啊！

おいしい料理

金黃可樂餅

分量 3～4人

材料

馬鈴薯……600公克
麵包粉……適量

糖化洋蔥

洋蔥……1顆（約100公克）
奶油……20公克
鹽巴……1撮

調味料

砂糖……2大匙
鹽巴……1茶匙
白胡椒……1/2茶匙
味精……1/2茶匙

麵衣

低筋麵粉……6大匙
雞蛋……2顆
水……3大匙

作法

1 將切碎的洋蔥末用奶油以小火翻炒，炒時加入鹽巴調味，炒到呈現焦糖色，取出備用。

2 在馬鈴薯的表面用刀劃一圈，放入電鍋，外鍋加2杯水蒸熟。

3 蒸熟的馬鈴薯剝去外皮（用刀劃過更好剝皮），接著將馬鈴薯搗碎成泥。

4 將剛才炒好的洋蔥和調味料與馬鈴薯泥一起混合。

5 將馬鈴薯泥用手捏成扁橢圓狀，大小約為女生的掌心大。

6 將麵衣材料混合成糊狀備用。

7 捏成形的可樂餅，依序沾上麵衣糊↓麵包粉。

8 起油鍋，待油溫熱至攝氏170～180度，放入可樂餅炸3分鐘即可起鍋。

9 使用氣炸鍋的話，約攝氏200度加熱8～9分鐘。

10 瀝乾油即可享用。

TIPS

將馬鈴薯泥捏成形時，如果一再裂開，可以調入少量牛奶或水，會更容易捏塑成形。

安頓身心的日本家常菜

沒有陽光，沒有愛吃的東西，
這樣的生活持續了半年，
當然會日漸消瘦。
眼看她一天天消瘦下去，
彷彿死神緊跟在她身後。

在我剛滿二十七歲的時候，為了學習中文，進入中國文化大學推廣部華語中心研習。說到文化大學，一般人的第一反應總是「陽明山」，遺憾的是，華語中心並不在陽明山上，它位於大安森林公園旁的大馬路上。等我真正見到陽明山上的文化大學，已經是十多年後的事了。

儘管被車水馬龍的繁忙市景包圍，大安森林公園周圍，卻彷彿是一個寧靜的異世界。公園的綠意，為汙濁的都市空氣帶來一絲清新，也為來到這附

近的人們，提供一種平靜的慰藉。

那時，班上有兩個日本人、六個韓國人、一位加拿大人和一位印度人。因為學員的國籍並不平均，教室裡總是充斥著韓語。坐在教室裡，閉上眼睛，就像被丟進了一個小型的韓國社區。是的，這裡幾乎就像是縮小版的韓國。

每週五天，每天早上三個小時的中文課結束後，下午便是我在圖書館裡自習的時光。那時，我們才學習幾個月的中文，對話溝通多靠拙劣的英語和中文交雜。日復一日，幾乎沒有機會說上日語，但神奇的是，漸漸地我們也習慣了用中文或英語交流。

或許有人會疑惑，既然班上有其他日本人，為什麼不說日語呢？其實，當時身處台灣的我，急於學好中文，比起用日語暢快地與日本人交流，我更希望把機會留給班上的韓國或印度同學，大家一起用生疏的中文交談，增加練習機會。所以，無意間就與其他日本同學保持些許距離。

班上除了我，還有另一位日本同學。她是一位二十歲左右的年輕女孩，起初我幾乎沒注意到她的存在。然而，在短短的學習期間，她的模樣逐日發生變化，這一點令我無法忽視。

記得我們第一次對話，是在開學後的兩個月。「台灣料理，我完全吃不慣。」她用微弱的聲音勉強對我說道。

雖然平日幾乎沒怎麼交談，但每天上課時都會見到她。她的身形日益消瘦，元氣也被一點一滴地剝奪了。然而，目睹這一切的我，並沒有主動與她攀談、詢問緣由，反而擅自解讀為「大概是在減肥吧」，也就沒有放在心上。

直到有一天，老師讓我們和鄰座同學互相朗讀課文，才讓我們有了第一次對話。

我們先聊了些無關痛癢的話題，像是她來台灣多久了、為什麼開始學中文、是不是來打工度假等等。就在這時，我隨口問了一句：「妳喜歡吃什麼台灣菜？」

她卻回答說：「我在台灣半年了，每天吃什麼都覺得不好吃……吃飯變得好痛苦。」

聽到這裡，我立刻想起自己的經歷。剛來台灣的時候，我也曾因為飲食感到不適應。台灣的食物比較油膩，香料味也很重，讓我的胃不堪負荷。然而，她的狀況似乎比我更為嚴重。

我問：「妳住的地方沒有廚房嗎？」

「沒有廚房！」她急切地答道。

「是不是不喜歡香菜和八角？」我再問她。

許多日本人都無法忍受香菜和八角的味道，我心想，如果能避開它們，或許她的食欲會好一點。

「這兩樣我都不喜歡，但不只是香菜和八角的關係，我在這裡不管吃什麼，總是覺得不好吃。」

食物不僅是身體的養分，也是心靈的慰藉。對身在異地的她來說，沒有廚房，什麼都吃不下，簡直是無法承受的絕望。更讓人感到沮喪和壓抑的是，她接著說：「我的房間沒有窗戶，每天都見不到陽光。」

沒有陽光，沒有愛吃的東西，這樣的生活持續了半年，當然會日漸消瘦。眼看她一天天消瘦下去，彷彿死神緊跟在她身後。

她在台灣的生活，不僅僅有語言上的障礙，連日常瑣事也充滿挑戰。這或許就是留學生活的挑戰，同時也是身處異地最嚴酷的考驗。

我不想對她說：「加油！撐住！」這一類沒有建設性的話。因此，我輕聲問道：「要不，我改天做馬鈴薯燉肉給妳吃，好嗎？」

她的眼睛立刻亮了起來，急切地問：「真的嗎?!」

或許她早已厭倦了台灣食物，即使去日本料理店，也無法嚐到那種家的味道。她渴望的是一份，由日本人親手做出來的日本家庭料理。

我們很快敲定時間，決定週末邀她到我住的地方做客。

小公寓廚房的家常菜餐宴

當時我住在蘆洲三民高中的一間公寓裡。這房子帶有一個寬敞的廚房，瓦斯爐旁還有一扇小窗戶。雖然我不太確定什麼料理能討女生歡心，但至少，我決定做些日本人應該會喜歡的菜餚。最後，我選擇了馬鈴薯燉肉、豚汁、玉子燒和菠菜拌醬油，並開始著手準備。

首先是主菜馬鈴薯燉肉。基本材料有馬鈴薯、胡蘿蔔、洋蔥、蒟蒻絲和肉片。把馬鈴薯切成好入口的大小後，先放入水中泡一會兒，這樣能洗掉表面的澱粉，成品的味道會更加清爽。胡蘿蔔則切得比較大塊，這是我個人的偏好。不過，台灣的胡蘿蔔比日本的更有一種粗獷的野性味，大塊切可能不太搭配馬鈴薯燉肉的甜味，有時甚至有點突兀。但我還是覺得，吃大塊蔬菜讓人感覺更豪邁，增添一點享受的氣氛，所以就不多做考慮了。

當我逐一處理完蔬菜時，整個廚房已經充滿了蔬菜的香氣。接下來，我把蔬菜放入鍋中炒香。我個人偏愛用芝麻油炒，但不確定她喜不喜歡這個味道，所以用的是普通的沙拉油。在為別人做菜時，思考的事情總要比平時多，但我很享受這種過程。

記得她曾在課堂上說過：「我是東京人。」而我來自關西，對東京的馬鈴薯燉肉味道並不熟悉。猜測東京的口味應該比關西重一些，我開始加入調味料。馬鈴薯燉肉的調味非常簡單：醬油、味醂、料理酒、砂糖。

我在頂好超市買到的味醂特別甜，所以省去了砂糖，避免過於甜膩。接著，我加入水和肉片，讓它們慢慢燉煮，直到水分幾乎收乾。

當甜美的香氣瀰漫在廚房時，那熟悉的故鄉味道，彷彿把我的記憶帶回了過去，同時又跟台灣的空氣交融在一起。懷舊與新奇的混合，光是這麼聞著，就讓人胃口大開。

食物不僅暖胃，更溫暖遊子的心

這時，窗外突然傳來一聲「KAZU」，嚇得我心臟差點停了。仔細一看，原來是房東。他站在後門的陽台上，整個身體恰好框在小窗裡，像是一幅畫，又有點像奇怪的偷窺者。

房東為我帶來中秋禮盒，真是貼心。不過，我還是希望他能從正門進來。我們進行了一番簡單交談後，房東離開了，馬鈴薯燉肉也終於完成了。

我覺得這樣還不太夠吃，接下來，該做豚汁了。雖然馬鈴薯燉肉中已經放了不少肉，煮個普通的味噌湯也可以，但我希望為她多補充一些體力，所以決定再做一道豚汁。當然，這只是表面上的理由，實際上是不想讓肉じゃが（馬鈴薯燉肉）的材料浪費掉。

豚汁的材料和肉じゃが幾乎相同，都是豬肉、馬鈴薯、洋蔥和胡蘿蔔，唯一的區別是調味料換成味噌。因此，切蔬菜的時候，我把兩道菜的食材都切成了一樣的大小。做法也差不多，先炒肉和蔬菜，再加水燉煮。

豚汁跟芝麻油簡直是絕配，所以這次我特意用芝麻油來炒。如果她不喜歡，那我就全包了，反正我也很喜歡吃。我這樣想著，一邊慢慢加高湯讓它燉煮。

說是高湯，或許會讓人以為我用柴魚片熬煮，其實我用了烹大師來代替。剛來台灣時，柴魚片的高昂價格讓我大吃一驚，這麼貴的食材實在捨不得用來做高湯。所以，烹大師成了我的救星，雖然便宜，但煮出來的湯，鮮味十分濃郁，效果也不差。

等蔬菜煮至熟透後，只要加入味噌，這鍋暖心的豚汁就完成了。豬肉的油脂和高湯的香氣融合在一起，湯頭不僅暖胃，更能溫暖人的心。若加點豆瓣醬會更美味，由於她之前說過「不太能吃辣」，所以我沒有加。

接下來只剩下玉子燒和菠菜拌醬油。

這兩道菜都不算難，玉子燒的調味用了鰹魚醬油，稍微加點水和糖，簡單煎熟。至於菠菜拌醬油，只是把燙好的菠菜與鰹魚醬油和柴魚片拌在一起，已經是一道美味料理了。

雖然我從未在高級餐廳工作過，也不知道他們如何調味，但我想，她真正需要的是這些簡單、樸實，卻帶著濃濃家鄉氣息的家常菜。這樣的料理，應該能夠撫慰她的胃，也能安頓她的心。

當料理全都做好時，女同學和幾位韓國同學來到我家。他們看著桌上擺滿的日本家庭料理，紛紛發出驚喜的聲音。平日裡習以為常的家常菜，因為他們的讚美而閃閃發光，讓我感覺這些料理似乎一下子升級了不少。也許，這些料理也正期待著被他們品嚐吧！

我們圍坐在餐桌旁，各自以自己的節奏開始享用食物。她吃了一口肉じゃが後，脫口而出一句：「好懷念啊！」光是這一句話，就讓我的心感到無比滿足。隨著她的話，其他人也開始露出笑容，紛紛稱讚：「真好吃！」

雖然不確定他們說的是不是客套話，但看著大家開心的模樣，我感覺內心變得溫暖起來。通過這頓飯，我們超越了語言和文化的隔閡，建立起一種新的聯繫。

韓國同學高興地說：「這是我第一次吃到日本的家庭料理。」還有人補充道：「其實韓國也有類似味噌湯的湯品呢！」另一位則評論：「東京的味道應該會再濃一些吧？」接著，我們討論起台灣米和日本米的不同，有人推薦：「如果不習慣台灣料理，可以試試這裡的韓國料理，很好吃的！」

大家一邊聊天，一邊愉快地享用食物，直到我們的胃和心靈都得到滿足。整個房間裡充滿著英語、日語和中文，那種和諧的氛圍，讓我們完全忘卻國籍和年齡的差異。飯後，臉色好轉了些的她，帶著微笑向我道謝：「謝謝你。」

她轉身離開時，那一瞬間的笑容讓我感到無比欣慰。

第二天，她再次向我表示感謝：「真的太感謝了！」課堂上，她看起來比往常更有精神，這一點讓我印象深刻。

隨著時間流逝，季節也悄然變換，她的變化同樣令人驚訝。那天的苦惱彷彿不復存在，她竟然開始享受起台灣的美食了。更讓我吃驚的是，在她即將回國前，她竟然笑著說：「回到日本後，不能吃鴨血和麻辣鍋，感覺好難過啊！」

聽到這句話，我不禁露出了微笑。但話說回來，妳什麼時候開始吃得了辣啊？

おいしい料理

馬鈴薯燉肉

分量 4～5 人

材料

- 馬鈴薯……4～5小顆
- 豬肉或牛肉片……250公克
- 洋蔥……1顆
- 胡蘿蔔……1根
- 蒟蒻絲……1小盒
- 高湯……350毫升
- 醬油……3大匙

調味料

- 料理酒……3大匙
- 味醂……3大匙
- 砂糖……4大匙

作法

1 首先將調味料混合備用。再將馬鈴薯切成好入口的大小，泡水備用。

2 胡蘿蔔切滾刀塊。洋蔥切大塊。牛肉片切成好入口的長度。將蒟蒻絲包裝內的水倒掉，切成好入口大小（如果很長的話）。

3 熱油鍋，倒入洋蔥、馬鈴薯、胡蘿蔔以中火翻炒。

4 炒至馬鈴薯變得微微透明後，加入調味料煮5分鐘。

5 5分鐘後，下醬油及牛肉，一邊煮，一邊將牛肉煮出的浮渣撈除。待牛肉煮到變色後，加入蒟蒻絲。

6 蓋上落蓋燜煮15分鐘。（＊）

7 煮到湯汁變少，吸收進食材裡就完成了！

＊落し蓋（落蓋）是日式燉煮專用的烹調手法。常用的鍋蓋材質有杉木、不鏽鋼、矽膠與烘焙紙，直接貼在食材表面，讓熱氣與調味料更能均勻滲透，有助縮短烹飪時間，並抑制湯汁翻滾造成的食材散開。其中木蓋可吸附浮沫油脂並帶淡淡木香；金屬導熱快耐用；矽膠可折疊易收；紙蓋免洗最便利。使用時可選擇直徑比鍋內小一兩公分最適宜，以保留排氣縫隙。烹飪時先讓湯汁煮滾，再轉小火覆蓋，完成後留蓋悶數分鐘，即可煮出色澤濃郁、口感完整的滷煮料理，省火省料，方便又實用。

TIPS

加落蓋這個步驟，可以讓味道充分燉煮入味。

可以選用比鍋子略小的蓋子，若沒有鍋蓋也可以用廚房紙巾或鋁箔紙蓋住。

高湯，溫柔堅定的力量

對於日本人來說，
高湯的香氣比香奈兒N°5
更能滿足內心深處的歸屬感。
高湯不僅教會我們「調和」的力量，
也傳遞出一種「適可而止」的美學。

「你是哪裡人？」這是我被問過無數次的問題。

我的回答始終如一：「大阪人。」

實際上，我的出生地是三重縣，但上小學之前就搬到了大阪，至今已經住了二十多年。對三重的記憶幾乎全無，於我而言，大阪才是真正的故鄉。

然而，三重縣這個地方卻充滿了趣味。它同時屬於中部地方與近畿地方，兩地的文化在此交融。這種曖昧的特性，讓我聯想到高湯的形成。昆布與柴魚各有鮮明的個性，但又能彼此調和，創造出一種和諧的美味。

同樣地，三重縣在這種模糊的界線中，也孕育出自己獨特的魅力。

雖說都是日本，但就飲食文化而言，地方之間的差異其實頗大。

以關西為例，以京都為代表的料理，講究高雅的高湯香氣，味道清淡，注重食材的外觀美感。而名古屋則因「名古屋料理」廣為人知，例如味噌豬排這類濃郁的味道，或是像客美多咖啡那樣的咖啡廳文化，都深受喜愛且不斷發展。

就像這樣，日本的各個地區，多多少少都有屬於自己的獨特飲食文化。但即便如此，這些地方料理都有著共通的一點，就是它們都歸屬在「日本飲食文化」這個大框架之下。

那麼，日本飲食文化的根本是什麼呢？

我認為是「高湯文化」。關西使用「昆布」，關東偏好「柴魚」，東北常用「鯖魚」，四國採用「小魚乾」，九州則偏愛「飛魚」。

那麼三重縣呢？由於伊勢志摩的海域擁有各種豐富漁獲，當地人甚至會使用干物（*）來熬製高湯。不僅如此，三重的飲食既保有關西的清淡口味，也能見到東海地方獨有的濃郁燉煮料理。我認為，這種兼容並蓄的曖昧性，正是三重高湯文化的一大特徵。

---

* 在日本，干物（ひもの）與乾物（かんぶつ）是從讀音到意義都不同的兩件事，干與乾的差異並不僅只在繁簡體字的不同，還牽涉到濕度和製法的差異。干本身有晾乾的意思，透過這個步驟讓食物的風味更濃縮凝煉，製作干物的多半都是海鮮。通常半脫水，日本料理常見的一夜干，就屬於干物。而乾物則指完全脫水的食材。

日本各地的飲食風格，固然與其歷史背景息息相關，但不變的是，日本人始終追求「海中高湯」的滋味。雖然也有香菇等蔬菜高湯，或是雞、豬、牛等肉類高湯，但只要提到高湯，日本人首先聯想到的，總是來自海洋的鮮美。

無論去到任何一個地區，人們都珍視高湯的香氣，並熱愛那份鮮美滋味。這一點，三重縣也不例外。

因此，每次從海外旅行回國，我總會直奔機場的烏龍麵店。感受昆布與柴魚熬製的柔和香氣，輕輕撩動鼻尖。在靄靄的熱氣中，啜飲一口湯汁，那股暖意足以穿透身心，讓我由衷感受到：「啊，我回來了。」

對於日本人來說，高湯的香氣，比香奈兒N°5，更能滿足內心深處的歸屬感。

高湯的美學在追求恰到好處的平衡

身為料理研究家，在日常烹飪中，我自然對高湯倍加重視。

其實，不僅僅是日本，世界各國料理都存在著高湯的概念。例如，法國料理的 Bouillon，義大利的 Brodo，以及越南、韓國、俄羅斯等地使用牛骨熬製的湯品，還有台灣的豬骨高湯。

雖然全世界都可以找到高湯身影，但在日本料理的世界，高湯的重要性遠超其他國家，這可以說是日本美食文化的一大特色。

日本的高湯文化，不僅將湯提升為主角，還極力強調香氣，並與各式食材完美結合。特別是關西地區的高湯文化，味道雖然清淡，卻格外重視湯色與風味，因此人們能更深刻地體會昆布、柴魚或煮干的香氣與微妙的滋味。

這些微妙的滋味，是顆粒狀的高湯調味料無法模仿的。少許的苦味與酸澀味，以及深藏其中的旨味，正是高湯最迷人的地方。當我們將高湯調和以醬油、味醂和砂糖，製作成簡單的烏龍麵或蕎麥麵湯頭時，其中的迷人風味，足以讓日本人的內心得到撫慰與平靜。

雖然世界各地有許多類似的湯料理，但像日本這樣，僅以高湯之力就能妝點整個餐桌的國家，恐怕是獨一無二的。

高湯中富含的旨味成分，也就是所謂的胺基酸，不僅為料理增添深度，還能以其調和之力，溫柔地呵護我們的身體。食物科學已經證實，當料理中有豐富的旨味時，即使減少鹽分，也依然能感到足夠的美味。

例如，人類感覺「美味」的最佳鹽分濃度通常是百分之〇・九，這與人體血液或體液的鹽分濃度相近。然而，如果高湯的旨味濃郁，即使鹽分濃度降至百分之〇・七，也不會感到不足。

這就像昆布與柴魚相互彌補彼此的不足一樣，高湯不僅能平衡鹽分的減少，還能引出食材的天然滋味。或許正是這份溫柔的力量，才讓高湯成為日本人感受內心平靜的祕密武器。

當然，即使降低了鹽分濃度，若過量食用，也難以達到健康的平衡。因此，減鹽固然重要，享受食材與高湯之間的微妙平衡才是重要關鍵。高湯不僅教會我們「調和」的力量，也傳遞出一種「適可而止」的美學。這種追求恰到好處的生活智慧，正是高湯的另一層魅力。

適度調味才能展現料理的眞正魅力

昆布和柴魚片，各自熬煮出來的高湯已經足夠美味，但當它們一同放入鍋中時，就像施展了魔法一樣，產生令人驚嘆的變化。

研究顯示，當它們以一比一的比例組合時，旨味的效果可以增強到原來的七至八倍，實在讓人著迷。

這種「相乘效應」並非和食的專利，西洋料理中的 **Bouillon** 和中式料理的上湯都有異曲同工之妙，事實上，世界各地的料理中都有類似的智慧。此外，將含有谷氨酸的昆布與含有鳥苷酸的乾香菇結合，也能達到類似的效果。由於類似組合能有效提升美味，因此像烏龍麵、蕎麥麵，甚至拉麵店，通常都會以多種高湯混合，來追求最佳的風味平衡。

有時候，我們只想單純增加旨味，不希望添加昆布或柴魚的香氣，這時候「味精」就派上用場了。味精能直接提供純粹的胺基酸旨味，成為增強料理深度的祕密武器。唯一要注意的是過猶不及的問題，過量使用味精會讓旨味過於強烈，反而使整道料理失去平衡。

至於有人認為味精會讓人口乾舌燥，這往往是因為料理的鹽分過高所致。事實上，只要減少鹽分或控制進食量，就能輕鬆解決這個問題。畢竟，所有的調味都講究適度，才能展現出料理的真正魅力。

高湯是創造聯繫的魔法

看到這裡，高湯對於提升料理深度有多重要，相信大家已經有所了解了。日本人並沒有什麼特別的 DNA，只是因為對高湯魅力知之甚詳，以至於一旦習慣了它，便再也離不開。這種依賴，不僅因為高湯能在生理上帶來美味的體驗；在心理層面，它更賦予我們「記憶與安心感」。

高湯的迷人，雖然無法以肉眼可見，但它的香氣和滋味，卻有一種神奇力量，可以撫慰人心，喚起深埋的記憶。就像每次，我在關西國際機場的烏龍麵店，喝下一口湯時，那熟悉的味道，立刻帶我回到童年的餐桌，憶起母親的料理，以及無數個與朋友開懷大笑的夜晚。

或許，高湯就是這樣一種創造「聯繫」的魔法。

仔細深究，高湯的成就主要來自於「調和」。昆布與柴魚、鯖魚與香菇，不同的素材相互融合，各自彌補對方的不足，創造出全新的美味。正如我的故鄉三重縣。

三重處於日本中部與近畿之間，既無法完全屬於任何一方，又能巧妙吸收兩地文化，孕育出獨特的魅力。這種模糊的邊界和高湯的特質何其相似——不偏向某一方，卻以調和為重，共融合作之下，成就了高湯溫柔堅定的力量，成為日本飲食文化的精髓。

對於日本人而言，高湯不僅僅是「味道的基礎」，更是一種連結。它連結了人與人、土地與土地、時間與記憶。正如三重縣在中部與近畿的交匯中找到平衡，高湯也在不同素材的融合中找到和諧，並以此創造出新的美味。

每一次，當我站在廚房裡，往鍋裡注入清水，將昆布浸入水中，點燃火源。隨著水氣升騰，輕輕撒入柴魚片，那熟悉的高湯香氣，慢慢充滿整個空間，也悄悄填滿我的內心。在這一股香氣的彼端，連結的是世界上獨一無二的「日本」。

TASTY NOTE

近年來高湯包唾手可得，但親手熬出來的出汁，仍有截然不同的滋味與魅力。昆布搭配柴魚，是和食的靈魂基底；兩種高湯相疊，鮮味便翻倍湧現。這背後有縝密的科學根據，若一一闡述就成了論文，感興趣的讀者不妨自行查閱。

完成的高湯用途廣泛：味噌湯、咖哩、燉物、炊飯……樣樣合拍。作法意外簡單，誠摯推薦你學會，讓這鍋澄澈的湯頭，成為廚房裡低調卻深刻的靈魂。

KAZU KITCHEN

おいしい料理

KAZU KITCHEN

日式昆布柴魚雙鮮高湯

●●●●

分量 3～4 人

柴魚昆布高湯濃縮了昆布及柴魚兩者的鮮味，是日式高湯中特別受歡迎的湯頭口味，很適合作為日式料理的底味。當然，也非常適合作為台式料理的底味喔！使用的材料營養價值都很高且健康。只需要花一點時間，你就可以在家做出來。

材料

水……1公升
昆布……10公克
柴魚……20公克

作法

1 取1公升清水與10公克昆布一起浸泡20～30分鐘後，倒入鍋中煮開。

2 當鍋中的水面出現咕嚕咕嚕微冒泡現象時，將火關熄。（此時水的溫度約攝氏80度左右，如果任由水面沸騰會出現腥臭味，要注意。）

3 取出昆布後，再開火，並在沸騰前（約90度）關火。

4 放入20公克的柴魚片，放置2分鐘。

5 2分鐘過後，用廚房紙巾將柴魚片過濾出來，得到清澈高湯，就完成了富含鮮味的昆布柴魚高湯。

6 剩下的柴魚片別丟掉，可以做成飯鬆！

TIPS

濃縮了鮮味的高湯，用來料理烏龍麵、拉麵、鍋料理都很合適。這種有了美味高湯後，思索著要加在哪道料理中才好的樂趣，想必喜歡料理的人一定能懂吧！

CHAPTER 2

是青春啊！那些永誌不忘的滋味

只要有生蛋拌飯就足夠了！

即使在我偏食、不愛吃飯的童年，
唯有生蛋拌飯能讓我一口接一口地狂嗑。

我早就想好了，人生最後的一頓飯，一定要選擇蛋拌飯。將生蛋輕輕淋在熱騰騰的白飯上，再加上醬油、柴魚片、海苔絲及蔥花作點綴。這樣看似單純的組合，卻比任何豪華盛宴都能撫慰人心。如此簡單、誰都能料理的食物，總能帶給我勝過高級餐廳全套菜色的幸福感。

有人嫌棄蛋清那種黏滑的口感，但若只剩濃郁的蛋黃，黏稠度往往過於厚重。正因如此，蛋清那柔軟而溫柔的包容力，才能為白飯與蛋黃帶來絕妙的平衡。是啊，想讓雞蛋與白飯合而為一，一定少不了一位牽線的媒人，就讓蛋清來扮演這位紅娘吧！

回想第一次與蛋拌飯相遇的片段，記憶早已像淡淡的薄霧般消散。但那股從小就融入日常的滋味，總在腦海的某個角落隱隱埋伏，隨時等待綻放。

只要想起那潔白似婚紗的白飯上，一枚金黃色的蛋黃指環閃閃現身的瞬間，我的心便會默默悸動。雖然在上頭滴幾滴醬油增添色彩時，難免有些猶豫，但正是那一點鹹香，反而讓整體的味道更突顯。

我喜歡把醬油淋在飯上而非蛋上，然後用力攪拌那顆生蛋。有時候故意留下幾口不完全攪開，還能隱約看見白飯與蛋黃分界的部分，這種微妙的不均勻，竟能帶來出其不意的樂趣。

將飯送入口中時，白飯幾乎如微風般飄散開來，彷彿只要將一碗白飯變身為蛋拌飯，那種輕快感就能一路蔓延到心底。即使在我偏食、不愛吃飯的童年，唯有蛋拌飯能讓我一口接一口地狂嗑。任何其他配菜，不管是馬鈴薯燉肉、烤魚、醃漬小菜或味噌湯，都只能淪為配角。

人生只要有蛋拌飯，就足夠了。

也許有人會說，這樣沒什麼營養。可是對當時年幼的我來說，「必須好好攝取營養」的概念根本不存在。只想用熱騰騰的白飯填飽肚子，然後繼續投入那些未通關的遊戲。長大後，雖然變得懂事，但那段無憂無慮的時光，仍然靜靜留在我心裡。

移民台灣之後，我才驚覺原來生蛋並不是隨時都能直接入口。在日本，從飼料到整體管理都有一套嚴謹製程，因此基本上無論在哪裡買的蛋，都能放心生吃。也因為如此，「不能生吃蛋」這樣的概念在日本幾乎不存在。

對於日本人而言，雞蛋就像番茄、小黃瓜、高麗菜這些蔬菜一樣，是能夠直接食用的。像是壽喜燒、牛丼、生蛋拌飯，甚至連「ミルクセーキ（日本的奶昔）」這種以生蛋為基底的飲品都有；此外，自製美乃滋也必須用到生蛋才做得出來。甚至還有專賣生蛋拌飯的專門店，可見生蛋對日本人來說，是不可或缺的存在。

不同品種的雞蛋，可能有較稀薄的蛋清或更加濃郁的蛋黃，但我還是最喜歡那種蛋黃特別厚實的口感。為了讓味道更有深度，我一定會淋上醬油。不過，如果只用一般釀造醬油，多少會帶出雞蛋的腥味，所以並不適合。

雖然市面上也有標榜「蛋拌飯專用」的醬油，但事實上，它只是添加了味精、味醂與高湯等配料的調味醬油罷了。在蛋拌飯裡撒點味精，可說是從阿公、阿嬤那一輩就流傳下來的傳統吃法；想必那些開發蛋拌飯專用醬油的人，多少也是受到這種老味道的啟發。

蛋拌飯對我來說，有種與眾不同的魅力。每一次舀起來，都像是一場命運的相遇，好像在心裡上演了一部浪漫電影，教人怦然心動。對我而言，白飯就像新娘純潔的禮服，蛋黃則是閃閃發亮的指環，而在它們之間牽起微妙羈絆的，便是那位靜靜守候的媒人。

おいしい料理

生蛋拌飯

分量 1～2 人

材料

可生食的雞蛋……數顆
白飯……適量
柴魚……適量

TKG醬油

醬油……3大匙
味醂……1大匙
米酒……1大匙
鰹魚粉……1茶匙

作法

1 將ＴＫＧ醬油材料放入鍋中，煮到冒泡後熄火。

2 放涼或隔水冷卻。

3 盛一碗熱熱的白飯、淋上醬油後，打一顆蛋在飯上，最後撒上柴魚片，拌在一起即可享用。

TIPS

1. ＴＫＧ是蛋拌飯的縮寫：Tamago（たまご）是蛋，Kate（かけ）指拌，Gohan（ごはん）是白飯。
2. 建議先將醬油淋飯上，再打蛋，如此一來，就不會因為米飯外包覆生蛋，造成醬汁無法滲進飯中。

被麥茶與啤酒纏住的夏天

我媽幾乎每天都會買好幾手啤酒回家，
至於麥茶，
則是無聲無息就自然出現在冰箱裡，
真是件奇妙的事。

夕陽將整條街染成橘紅色，我奔跑在被落日染得通紅的柏油路上，全速衝回家。

那是一棟混凝土結構的集合式住宅，第六號樓的一樓。

五級階梯只要助跑一下，我就能一躍而上，若是順利落地，即可接著往左轉，猛力推開門。

那年夏天，我還是小學一年級的學生。在我住的這條街上，從來沒聽過有人回家時需要打開門鎖。

「我回來了！」一進門，我總會大聲向家裡的人通報。可是，在夕陽還沒有完全沉下去前，家裡都不會有人，只剩我的聲音在寂靜的走廊裡迴盪。

小學放學後，我常在校園操場、附近公園或河堤邊玩到滿身是汗，一回家不是先洗手或漱口，而是先灌一大口麥茶。

雖然我家的經濟並不寬裕，但冰箱裡總有媽媽親手泡好的兩公升麥茶。打開那台大冰箱，左邊就擺著裝滿麥茶的水壺。

我把水壺拿出來，將冰鎮的麥茶倒進杯子裡，再用雙手捧起茶杯一口口喝下去，那已經成了每天的習慣。

我那時其實不知道「麥茶」究竟是什麼，只知道那股麥子獨特的香味和冰涼沁喉的瞬間，能把我全身的暑氣都融化掉。

在日本，麥茶從很久以前就很普遍，不僅在家中自製，也常裝進水壺帶去學校。因此即使我不明白它到底是什麼東西做的，但只要提到家裡喝的「茶」，對我來說就是麥茶。

順帶一提，冰箱裡也會放寶礦力水得，但因為我一口氣就能喝掉兩公升，會讓家裡的開支更加吃緊，所以我很克制，不輕易碰那瓶寶礦力。

說到這裡，小時候的我，好像從沒看過冰箱裡的麥茶是怎麼泡出來的，只記得每天回家就自動又多了一壺。而我媽呢，總是一回家就打開冰箱，拿出朝日或麒麟啤酒罐，「噗哧」一聲開罐後，跟我一起喝起那琥珀色的液體。

雖然同樣是麥子釀的飲料，可是她喝的啤酒總帶著一股怪怪的味道，年幼的我怎麼樣也喜歡不起來。即使長大後，我也不常喝啤酒，也許是因為我太愛麥茶了。

我媽幾乎每天都會買好幾手啤酒回家；至於麥茶，則是無聲無息就自然出現在冰箱裡，真是件奇妙的事。

當時，我媽應該已經患有糖尿病，還對酒精上了癮。她曾邊吃著鄰居阿姨推薦「這很健康喔」的葡萄糖，邊去看醫生，結果被醫生罵：「妳想找死嗎？」有一天，醫生叮囑她：「啤酒還是少喝點比較好。」在一旁的我聽了也很擔心，回家後乾脆把家裡的酒全都丟掉。

其實我很喜歡跟媽媽在一起的時光，喜歡看她開心的笑容，只是實在受不了那股啤酒味。

奇怪的是，隔天家裡又多出一整手的啤酒。現在，啤酒也像麥茶那樣，不斷自己冒出來，看起來真像是中了什麼麥子的詛咒。

我開始感到害怕，又把還沒拆封的啤酒原封不動地丟出去。做完這件事，我喝了一口冰涼的麥茶，覺得這樣一來，應該能保住媽媽的健康，於是開心地繼續玩寶可夢。

但是隔天，家裡又出現了不同牌子的啤酒。儘管麥茶的味道一直都沒變，但冰箱裡的啤酒會換口味。我不管哪個品牌的啤酒，味道如何不同，反正通通丟掉。結果隔天又再度冒出一箱。而且，麥茶也持續「自動更新」。我開始懷疑，這真的是麥子的詛咒嗎？

最後，我忍不住對媽媽大吼：「不准再喝了！」

她只是「嘿嘿」地傻笑。

這樣過了一個多星期。有一天在放學路上，我抬頭一看，竟然看到媽媽騎著腳踏車，車架上綁著一整手啤酒，晃啊晃地往家裡騎。

那一瞬間，我終於明白哪來什麼「麥子的詛咒」，不過就是我媽自己的行為，而我的胸口也陣陣發酸。想想家裡的經濟那麼緊迫，連寶礦力水得都不敢多喝，我卻一次次把啤酒丟掉。

從那天起，我再也不扔那些酒了。坐在媽媽的旁邊，看她開心地喝著啤酒，我心裡隱隱難受，但我明白了——想要降低啤酒「湧現」的速度，最好的方法就是別再丟了。我拿起冰涼的麥茶一口喝乾，壓住快要湧出的眼淚。

也許我媽從一開始就被「麥」給纏住了，而我則深深愛著冰涼的麥茶滋味。就這樣，我在麥茶和啤酒的怪誕日常裡，度過了那個炎熱又帶點酸澀的童年夏天。

冷泡及鍋煮麥茶

有人問我「麥茶該怎麼泡」，這才發現原來在台灣，沖泡麥茶並不是人人皆知的常識。既然如此，就來好好介紹一下。

麥茶的作法大致分成兩派：冷泡與鍋煮，各有特色。冷泡的作法幾乎不費功夫，只是需要一點時間等待萃取，泡出來的茶色與麥香淡一些。鍋煮麥茶則靠小火慢慢熬出精華，煮出來的麥香濃厚、滋味最醇。

兩種作法都不難，我這個懶人多半靠冷泡度日，可一旦想要品嚐飽滿濃郁的麥香，還是得動用鍋煮法。唯一要注意的是火候要拿捏好——只要掌握好時間，廚房立刻就會瀰漫那股溫潤麥香。

冷泡麥茶作法

1 1公升冷水加1包麥茶茶包。

2 放進冰箱1～2小時後取出茶包。（茶包在水中放上1～2天也沒有關係，甚至回沖2次仍可接受。）

鍋煮麥茶作法

3 在壺中加1公升清水，開火煮沸。

4 水滾後加入1包麥茶茶包，以中小火煮 3～5 分鐘。

5 熄火再燜5分鐘，撈出茶包即可飲用。

TIPS

鍋煮雖能快速萃取味道，但時間一拉長，苦澀與焦味就會浮現。喜歡邊煮邊看YouTube 的朋友請務必留神，別讓香醇一秒變苦澀。

泡完澡請再給我一瓶牛奶

水果香加上濃郁的牛奶甘甜才是泡完澡後的絕配。
如果是可樂的話，太甜了，
而且氣泡太強烈；
水的話又太淡而無味。
果然還是牛奶最棒。

我不知道咖啡是什麼滋味，但我喜歡咖啡牛奶。

我不知道裡頭放了什麼水果，但我喜歡果汁牛奶。

在日本度過昭和時代的孩子們，應該都有著相同的回憶吧！跟著父親或母親，前往街上的小澡堂。不管是因為家裡沒有浴缸，還是浴缸壞了，或者只是想泡在寬敞的浴池裡。無論理由為何，每次見到家裡沒有浴缸的父親時，我總是被帶去澡堂。

因為父母分居的緣故，和母親同住的時候，家裡擁有浴缸，每天都能泡澡；父親住的地方沒有浴缸，每天都要去澡堂泡澡。雖然兩邊都提供熱水，但我更喜歡澡堂多一點。

澡堂裡寫著「天然溫泉」的招牌不知是真是假，但牆上畫的富士山顯然是假的，一眼就能看出來。我居住的這個城市看不到富士山，能看到的只有澡堂裡寫著禁止紋身的告示牌，還有裸身進出的大叔背上漂亮的紋身。

活到這把年紀，我這一生中也只看過富士山兩三次。對當時還是孩子的我來說，富士山不是日本的象徵，而是澡堂牆上陪伴洗澡的圖畫。泡在澡池裡的時候，就算對著牆上的富士山問：「你是怎麼洗身體的？」回應我的也只會是父親的「數到十就可以出來了」這句話而已。

泡澡時，我愛把肩膀也浸入水裡，暖呼呼的。等到頭昏昏沉沉的時候，就用毛巾遮住重要部位走出來。富士山說著「下次見」跟我道別，我卻連頭都沒有回。因為比起泡澡，洗完澡後的樂趣更讓人期待——在澡堂洗完澡後，最重要的事就是喝牛奶。

澡堂小賣店的冰箱裡，放著白色、黃色和咖啡色三種顏色的牛奶，我挑選喜歡的顏色後，父親就會付給老闆娘一百日圓。

每天選不同顏色的瓶子，冰涼的瓶身觸感，對剛泡完熱水澡的指尖來說格外舒適。啵的一聲打開蓋子，咕嘟咕嘟喝一口，冰涼的牛奶滑過喉嚨，剛才還冒著蒸氣的澡堂記憶，如同融化的冰塊一般消失無蹤。奇妙的是，原本乾渴的喉嚨，伴著瓶身上的霧氣一起得到滋潤。

明明皮膚已經濕潤了，喉嚨卻還是乾乾的，真奇怪啊！小小年紀的我這樣想著。

不過，比起這種微不足道的疑問，眼前的牛奶才是最重要的。

咖啡牛奶的味道，完全感受不到咖啡的苦味或酸澀，只有帶著咖啡香氣的甜甜奶味。父親喝的大人咖啡，彷彿濃縮了人生的苦澀與酸楚；我的咖啡牛奶，卻有著甜美夢幻的滋味。這肯定是屬於童年的味道吧。

雖然在醇厚的牛奶味道深處，隱約可以感受到咖啡香。不過，到底是不是真正的咖啡香氣，老實說年幼的我並不知道，只覺得「超級好喝」。此外，黃色的果汁牛奶也讓人難以割捨。直到今天，我依然不清楚裡面加了什麼水果，只知道其中的甜味和酸味平衡得恰到好處。

應該是蘋果吧？黃色的話是香蕉嗎？我這樣猜測過，但直至今日還是一無所知。

我只知道比起各種飲料，水果香加上濃郁的牛奶甘甜，才是洗完澡後的絕配。如果是可樂的話，太甜了，而且氣泡太強烈；水的話又太淡而無味。

営業時間
午後2時~深夜12時
定休日
毎週金曜日
ゆ
牛乳石鹸
天六温泉

果然還是牛奶最棒。

記得大概在小學三年級的時候，學校供應的牛奶從玻璃瓶換成了紙盒，牛奶中開始有了紙的味道，大家都很不滿意。我到現在也不太喜歡紙盒裝的牛奶，覺得還是玻璃瓶最好，玻璃瓶裝的牛奶最好喝。

等到身心和喉嚨都得到滋潤後，我和爸爸一起離開澡堂。

記憶中外面的空氣總是涼颼颼的，讓人想要再回到溫暖的澡堂。其實，我最想做的是，對老闆娘說：請再給我一瓶牛奶吧！

TASTY NOTE

動畫人物在澡堂喝瓶裝牛奶的畫面，很多人應該都不陌生吧！我也是從小就被植入「進了澡堂就要喝牛奶」的概念。

明治、森永、雪印是日本澡堂裡最常見的幾大品牌，很多朋友也喜歡在便利商店買「（白バラコーヒー牛乳）白玫瑰咖啡牛奶」。

雖說不同澡堂販售的牛奶品牌各有差異，但味道其實沒有太大差別；也許真正盲測品嚐還是能喝出不同，只是平常根本沒有那種機會（笑）。

不過值得一提的是，就算同一家廠牌，在不同地區提供的牛奶風味往往截然不同。想想也是理所當然，畢竟產地不一樣，在北海道用的是北海道的牛奶，到了大阪就用大阪地區產的鮮乳。因此，到各地澡堂巡禮、邊泡湯邊評比牛奶，或許會是一趟有趣的體驗。

至於我嘛，最喜歡的還是北海道牛奶，也許只是心理作用，但總覺得特別濃醇啊！

青春的酸甜滋味

每次打開店門看到櫥窗裡的草莓乳酪蛋糕，都覺得它在對我說：「歡迎回來。」

蔚藍的海洋上有一隻巨大的鯨魚，遠處有水母漂浮，在春日的陽光下，我騎著腳踏車前往大泉綠地公園。

直到二十七歲前，我一直住在堺市。這裡有許多大型公園，其中又以大泉綠地公園最為宏大，是大安森林公園的四倍大。社區附近有一個這麼大的綠地，大部分戶外活動都可以在此進行，這一帶的居民幾乎都在這裡留有甜美回憶。

公園裡養了綿羊，中心還有一個大池塘，雖然從來沒有釣到過一條魚，但我經常在此垂釣。不認識的大叔曾在池畔教我怎麼樣釣小龍蝦；我曾滑過巨大的溜滑梯，在腳踏車越野賽道上摔倒，因此弄壞了朋友的腳踏車。還有小學遠足、BBQ、馬拉松比賽、棒球比賽、春日賞花……幾乎所有美好的童年記憶，都跟這個公園緊緊相繫。

長大後，因為就學關係，我離開了堺市。但在大學入學典禮結束後的幾天，我騎著腳踏車，沿著仍有櫻花瓣殘留的道路，騎往公園附近的一家店。

我的目的地是位於公園旁邊的「RisaRisa」，一間像家庭小屋的蛋糕店。年輕時候的我不太喜歡甜食，只有 RisaRisa 的蛋糕例外，那是我每天都想吃，而且百吃不膩的東西。

一進門，傳統蛋糕店的氛圍，讓人有回家的感覺。迎面而來的蛋糕甜香，耳邊洋溢咖啡區客人此起彼落的談話聲，在在都構成一種莫名的安心感。對於學生時期的我來說，這間蛋糕店就是這麼特別的存在。

店裡的每款蛋糕都如此樸實美味，與那些僅靠華麗花俏外觀吸引人的蛋糕不同，予人一種特別可靠安心的感覺。尤其期間限定的草莓乳酪蛋糕，每年只要買到它，彷彿就迎接了春天的到來。

外觀很普通的乳酪蛋糕，切開後，可以看到裡面確實有草莓。它不像 Instagram 上那些新鮮草莓切片有著可愛剖面，而是更接近果醬般柔軟的草莓泥嵌在裡面，如果不說，可能根本不會注意到裡面有草莓。一口咬下去，奶油乳酪和糖的甜美濃郁，與草莓的酸甜爽口形成對比，每次都讓我驚嘆：草莓和乳酪蛋糕竟然搭得如此美妙！

奶油乳酪裡大概也混入了草莓，雖然無法咬到成塊的草莓果肉，卻能充分感受到草莓的滋味，這種幸福感是新鮮草莓蛋糕無法帶來的奢侈享受。純就賣相來說，草莓乳酪蛋糕確實貌不驚人，但我覺得，這款蛋糕之所以讓人想要一吃再吃，可能正因為它樸素的外表，給人一種家的聯想。

大泉綠地公園旁邊以及這座城市周圍都是住宅區，包括我在內，很多孩子和家庭都過著平凡的日常生活。在這樣的日常中，讓人想吃的，不是酒店或百貨公司那種華麗的蛋糕，而是媽媽親手烘烤，外形有些不規則的手作蛋糕，或是奶奶從街頭蛋糕店買來的家常蛋糕。

草莓乳酪蛋糕單吃固然美味，但即使把它和其他草莓蛋糕或水果蛋糕搭配在一起享用，也完全不會干擾其他蛋糕的味道。當全家人聚在一起享受家庭時光，這款蛋糕無疑是最適合的選擇。

「蛋糕是女生吃的東西。」

「只有在特別的日子才會想要吃蛋糕。」在我學生的那個年代，這樣的觀念依然存在。

但春天的陽光召喚，加上不到五百日圓的便宜價格，打破了刻板印象。從一大早，面對轆轆飢腸的呼喚，我告訴自己「再忍耐一下」，現在，終於可以買上一塊草莓乳酪蛋糕帶走。

這樣價廉物美的手工乳酪蛋糕，對學生來說是莫大的幸福，有時領了薪水，我會買上兩三個蛋糕外帶到公園裡享用，或是在店內的咖啡區坐下來，點一客午餐，當然，飯後的草莓乳酪蛋糕才是重頭戲。

這一天，買了蛋糕後，我小心翼翼將它放進腳踏車的置物籃裡，為了不讓它倒下，謹慎地騎著車。遇到路上的坑洞趕快減速，綠燈時則加快速度，追著天空中那朵巨鯨一般的白雲，一起前往公園。

來到公園，找到遮蔭的長椅，我停好腳踏車，坐下來，小心翼翼打開蛋糕盒，祈禱盒裡的蛋糕完好如初。那一刻，比等待考試成績公布還要緊張。

蛋糕盒裡的草莓乳酪蛋糕顏色如同路邊落下的櫻花瓣，它笑著對我說：「我沒有被壓壞喔！」

我鬆了一口氣，配上便利商店買的微甜紅茶，享受起草莓乳酪蛋糕。如同雪融化後春天會到來，成熟的草莓也捎來春天降臨的消息。大海裡的巨鯨不知何時游走了，藍天舒展，騰鬧了一早上的胃，在蛋糕的撫慰下安靜下來，吃完蛋糕，我不知不覺睡著了。

再次想起RisaRisa，已經過了十五年。十五年的時間足以改變很多事：大學中途退學，臉上的皺紋隨年齡增長堆積，我搬到台灣生活，如今一千日圓的蛋糕輕鬆就能入手，但我對於草莓乳酪蛋糕的思念從來未改變。

從大阪難波的飯店乘坐地下鐵御堂筋線，到最近的新金岡站只需約二十五分鐘。跟十五年相比，乘車時間短如織布機上的梭子。

與十五年前不同的是，這次再訪堺市，櫻花已經凋謝，六月的天氣正從春天邁向夏天，太陽熱得讓人難以小憩。我的身邊還有個未滿一歲，坐在嬰兒車裡的女兒。

雖然現在已經不住在這裡，但 RisaRisa 蛋糕店的外觀和內部氛圍都沒有改變，就像回憶裡的老家一樣。甚至連我以為已經停售的草莓乳酪蛋糕，也在等待我的歸來，櫥窗裡只剩一個。

我彷彿聽見它說：「歡迎回來。」

可惜這將是最後一次了。因為 RisaRisa 將在六月底結束二十四年的經營。老闆夫婦將店轉讓給別家公司，雖然員工和蛋糕製作都會繼續，不過店名會改變。儘管他們一再保證味道不會變，但我再次意識到，世上沒有什麼是永恆的。

學生時代用五百日圓買的 RisaRisa 草莓乳酪蛋糕，明年可能會變成新店的草莓乳酪蛋糕，甚至可能停售，永遠吃不到了。至少可以確定的是，就像那天鯨魚游走了一樣，下次再回來的時候，我再也看不到 RisaRisa 的招牌。

為了留住最後的回憶，我買了一個已經無法用五百日圓買到的草莓乳酪蛋糕，像記憶中那個閃閃發光的春天一樣，再次前往大泉綠地公園。已經記不得當年獨自小憩的那張長椅在哪裡，但看著我的家人和朋友的家人一起鋪開野餐墊，孩子開心地在墊上打滾，我感受到十五年的時光倏忽流逝。

雖然無法實現「等孩子長大後再帶他去吃」的願望，但這款帶有青春酸甜味道的草莓乳酪蛋糕，依然和當年一樣美味。

TASTY NOTE

RisaRisa 因為換了老闆而結束營業，但聽說原班人馬延續經營，開了「patisserie et cafe AMI」。總有一天，我想帶孩子去看看。

如果店裡有草莓乳酪蛋糕，我想一邊對孩子說：「這是爸爸小時候最喜歡吃的蛋糕喔！」一邊和她一起品嚐這道青春的滋味。

只是孩子通常對第一次吃的食物會有點抗拒，不知道她願不願意嚐一口呢？我開始煩惱起來……

巴斯克乳酪起司蛋糕

●●●
分量 2～3 人

做甜點時，如果不精準量好材料、確實控制溫度，就很難做出美味的成品，因此常常容易失敗。但在乳酪蛋糕的世界裡，有一款常勝軍，就算平常不烘焙的人，也能輕鬆完成，那就是巴斯克乳酪蛋糕。

即使有點隨興的動手做，也依然好吃，非常推薦。無論使用烤箱還是氣炸鍋，只要設定相同溫度和時間就能烤好，不妨動手試試看吧！

材料

乳酪起司 cream cheese……150公克
砂糖……120公克
鮮奶油 Whipping Cream……150公克
蛋……2顆
低筋麵粉……1大匙

作法

1 將所有材料自冰箱取出放置常溫。將烘焙紙揉皺後，鋪在模型上。

2 將乳酪起司與砂糖混合。再加入蛋混合。

3 加入過篩的低筋麵粉混合。最後倒入鮮奶油拌勻。

4 將乳酪起士糊倒入鋪上烘焙紙的模型中。

5 烤箱預熱至攝氏230度，先烤20分鐘，將表面烤出焦色。（不同的烤箱烤焦的時間有點不同，烘烤時請隨時觀察狀態。）

6 表面烤出焦色後，轉到200度繼續烤10分鐘。

7 烤好後放涼，置入冰箱冷藏。冷藏後即可取出享用。

TIPS

1. 這次配方用的是6吋模型。鮮奶油用 Whipping Cream 或 Heavy Cream 都可以。
2. 剛烤好時由於蛋糕體太過柔軟，不好切，建議冷藏後再切。

鐵粉的信仰，當咖哩遇上納豆

把咖哩和納豆混合後，
我用湯匙舀了一口送進嘴巴，
當我想到這是宮村優子所喜愛的味道時，
內心飄滿愛心泡泡。

我曾經非常討厭納豆。

納豆是一種具有獨特氣味和黏稠外觀的日本傳統食品。坦白說，第一次看到會牽絲的納豆時，我的內心感到非常害怕。

現在，在台灣的超市裡都能輕鬆買到納豆，很多人將它和日本國民美食畫上等號，其實是個誤解。

納豆最初主要是在茨城、福島、東京等東日本和北日本地區居民的日常食物。在我童年時期居住的大阪，充斥著「大阪人討厭納豆」的說法，因為納豆在關西地區的接受度遠遠不及關東地區。

儘管如此，超市裡還是買得到納豆，大阪人也經常食用。我有幾位在大阪出生和長大的青梅竹馬好友，他們的家人有些非常討厭納豆，有些則比較隨緣，並不排斥。納豆在大阪就像台灣的香菜和臭豆腐一樣，有很多人喜歡，也有不少人討厭。

持平來說，當時關西人應該說是「不習慣吃納豆」，這樣的說法更為準確。

在台灣的超市貨架上，納豆多半三盒一組販售，但我記憶中的納豆不是這樣銷售的。在我小的時候，大家庭更為常見，所以納豆都是按一家人的量，一整包販售，一組多半都是五到六人的分量。

在早餐或晚餐時，納豆會被放在一個大碗裡，混入生雞蛋、蔥、海苔等各種食材，由負責烹飪的母親隨意混合後，擺在餐桌上。

我並不討厭納豆的氣味，卻非常討厭納豆和雞蛋、蔥混合後的味道。我不確定是因為味道還是稠黏的口感，無論吃多少次都無法真心喜歡它。

所以，每當納豆上桌，我都會強烈抗拒：「只要是納豆，我就不想吃。」

小學六年級時，我迷上深夜廣播節目。每週日晚上十點到十一點半，都會戴上耳機聽廣播，然後，在星期一早上到學校與同學分享節目內容。

那個節目的主要主持人是岩田光央，他在《咒術迴戰》中飾演伊地知潔高，在《海賊王》中飾演艾波利歐．伊娃柯夫，還有宮村優子，她在《新世紀福音戰士》中飾演惣流．明日香，在《名偵探柯南》中飾演遠山和葉。我非常喜愛這個節目，甚至參加過他們的跨年活動，每週都不會錯過。

有一天，節目中宮村優子說，她喜歡把納豆加在松屋的咖哩中一起吃，並熱情介紹這道菜的美味。小學時的我非常單純，喜歡的聲優（編按：配音員）喜歡的東西，我當然也會喜歡。

在當時，一個還沒有「御宅族 otaku」（＊）這個名詞的時代，我就像是宮村優子的鐵粉那樣，信仰著她說的每一句話。

聽完節目後，我的腦海裡不斷轉著「松屋、咖哩、納豆」。

當有一天，我在過河後的鄰鎮車站前找到一家松屋時，馬上請求媽媽給我零用錢，懷著冒險的心情前往那家店。

到鄰鎮的松屋大約需要騎十五分鐘的自行車。爬上坡、過橋，很快就到了。這家松屋很小，只設有吧台座位。我買了餐券，坐在對小學生來說稍高的椅子上，等待咖哩和納豆送來，心情既緊張又興奮，像第一次踏入高級餐廳一樣。之前，媽媽常帶我去吉野家吃牛丼，這是我第一次為了吃，單身一個人跑到鄰鎮，專程來到松屋消費。

不到十分鐘，咖哩和單獨包裝的納豆就送到桌上。我馬上把納豆倒在咖

＊御宅族：一九七〇年代在日本誕生的名詞稱呼，用來泛指喜愛某一種流行文化的愛好者。

哩上，迅速攪拌。媽媽早上給我吃的納豆裡總是放了蔥，雖然多次強烈的對媽媽說：「納豆裡有蔥，我就不要吃。」但既然是宮村優子的推薦，我毫不猶豫把蔥也混入了咖哩。

把咖哩和納豆混合後，我用湯匙舀了一口送進嘴巴，辛辣的咖哩風味、稍硬的米飯、納豆的大豆口感和微妙的發酵味，充滿整個口腔。由於咖哩的味道占優勢，所以並不覺得討厭。更何況，當我想到這是宮村優子所喜愛的味道時，那種愛屋及烏的心情，讓內心飄滿愛心泡泡。

從那一天開始，我愛上納豆加咖哩的滋味。

電視節目上曾對納豆和咖哩的味道進行過科學分析，結論是它們雖然沒有相乘效果，但因為味道不會衝突，所以配在一起很好吃。我也同意這個觀點，有些食材組合在一起，會使味道加乘，變得更加美味。但納豆和咖哩是奇妙的組合，它們就像馬鈴薯和胡蘿蔔一樣，喜歡住在一座叫做「咖哩」的城市裡，以居民的身分默默存在，卻從不突出自己。

這麼多年來，我從未遇過吐槽「納豆＋咖哩」組合的人，但也沒有碰過因為喜歡這種組合而感動流淚者。我想，納豆本身就是一種兩極化的食物，喜歡納豆的人自然會喜歡「納豆＋咖哩」吧！

就這樣，我在小學六年級，因為宮村優子克服了對於納豆的厭惡。雖然聽來有些荒謬，但我相信不僅僅是納豆，一般人也可能基於類似理由，克服內心對於某些食物的厭惡感。

幾年前，曾到礁溪一所小學教做日式飯糰和味噌湯。該所小學的老師經常擔心營養午餐的米飯吃不完剩下來，但那天的情況完全出乎他們預料。大家一起洗米、煮飯、捏飯糰、切食材、調味噌、煮味噌湯。整個烹飪過程中，孩子們對食物產生很大的興趣，不僅吃完自己碗裡的飯糰，也把營養午餐的白飯全都吃光光。

在那次經驗中，我體會到食物和心情的奇妙聯繫，我們的感受會大大影響自己的味覺判斷，從而決定一樣食物吃來是否美味。我因為宮村優子的推薦，嘗試打開心門接受納豆；小學生透過動手料理，提升了吃飯的樂趣。如果我們都能珍惜「喜歡」和「樂趣」，面對不同的食物時，或許就能減少一些挑食的癖好。

現在，我非常喜歡納豆，經常在家裡把納豆加進咖哩中一起吃。每次這樣做的時候，都會想起宮村優子，不知道現在的她是否還會這樣吃。

多虧宮村優子，小學六年級的我克服了對納豆的排斥，我希望將這份感激之情從台灣傳遞出去。如果我能幫助其他人克服對食物的好惡，那將是莫大的榮幸。因此，今天我打算再次寫下美味料理的食譜。

TASTY NOTE

關於納豆的起源眾說紛紜，其中最知名的是流傳於東北的「八幡太郎義家」說。

平安後期，義家遠征奧州，因戰事膠著導致馬匹飼料短缺。他緊急命令農民提供煮熟的大豆，並將熱燙的豆子直接裝入稻草袋。幾天後，大豆開始牽絲並散發出氣味；有好奇者試吃後，意外發現十分美味，於是成為軍糧。此事在農民間也迅速傳開，煮豆與稻草的偶然相遇，就此催生了納豆。人們稱它為「納所製的豆子」，如今被認為是稻草中枯草桿菌自然發酵的成果。

嗯，當初那個勇於嘗試的人，真的很有勇氣，對吧？順帶一提，日本超市裡販售的納豆種類多到驚人。我個人覺得直接淋在熱騰騰的白飯上最對味，但把納豆加進咖哩裡我也超愛。愛吃咖哩的人一定要試試看！

秋葵醃黃蘿蔔納豆炸彈

分量 1～2 人

納豆雖然可以單吃，但在日本也有諸多變化的配方。其中頗具人氣的是與秋葵搭配，兩者口感都黏黏滑滑，相當合拍！

這次我追加了醃黃蘿蔔及柴魚，做了這道納豆炸彈。此外，我還推薦加入山藥泥或鮪魚生魚片，味道也很美妙。請試著嘗試各種納豆的吃法吧！

材料

納豆……………1盒

醃黃蘿蔔………2片

秋葵……………1根

蛋黃（生食級）…………1顆

柴魚……………1把

作法

1 秋葵抹上鹽巴，去除絨毛。在滾水中汆燙後切薄片。

2 將醃黃蘿蔔切細。

3 將納豆與納豆盒中的醬汁攪拌混合。

4 最後與全部材料拌在一起就完成了。

TIPS

如果你買的納豆沒有醬汁的話，請加入適量醬油。

深夜托盤上的明太子

放在托盤上的明太子魚卵看起來美味極了，
但在深夜一點多的便利商店裡，
它卻顯得十分突兀。

我與明太子的邂逅，像命運的惡作劇般，奇妙而不可思議。

我在日本大阪府度過童年，日常飲食中常見明太子義大利麵、明太子飯糰等各式明太子料理。然而，當時的明太子給人一種稍顯高級的印象，我幾乎從未見過完整的一條，即便在超市看到，也從未真正認識它。

高三那年冬天，由於比他人更早確定升學去向，我決定到便利商店打工。

雖然住家附近就有便利商店，但我不喜歡遇見朋友或熟人，加上前女友也在那裡工作，所以選擇跨河去隔壁鎮上的便利商店面試。當地以治安差聞名，因此，我沒有選擇去時薪較高的酒吧打工，怕那裡醉漢太多，只想選擇

時薪低，僅七百零九日圓的便利商店工作。

面試當天，我告知店員我來應徵工作，他把我帶到員工休息區，一位看來接近三十歲的年輕店長負責面試。他十分開朗健談，面試足足進行了一個小時。

這是我人生中第一次面試，當時不覺得異常，但從面試的問題中，我很快察覺這位店長有些奇怪。

「你是某某中學畢業的，應該認識我吧？」他劈頭就問。

「不認識。」

「那木下君，你總知道吧？」不放棄繼續追問。

「是那個有三個兄弟的木下嗎？」

「對啊，他的大哥是我的朋友。」

「是在公園吸膠的那位嗎？」換我問他。

「那我就不清楚了。」

店長不停打聽我認識的朋友，完全與便利商店業務無關。最後，我被錄用了，但他竟然說：「我會在面試資料上寫上『變態』。」

「拜託，不要這樣啊！」我哀求。

「高三還不變態才不正常。」店長真的在面試資料上寫了「變態」兩個字，並傳送到便利商店總部。

高中生對性有興趣是正常的，但在面試資料上寫「變態」無疑是不正常的。店長從何得來「變態」這個印象，這問題對我來說比大學入學考試還難解。

店長真的是個怪人，他曾在幾年前破產的證券公司工作，後來轉職到便利商店，說是想成為「零食採購員」，讓人搞不清楚他是笨還是聰明。

第二天，我開始上班，店長說要告訴我幾個注意事項。他一邊吃零食，一邊看著監視器的螢幕。螢幕中出現了一個茶色捲髮、戴著眼鏡的男子。

「要小心他！」店長指著螢幕說，然後灌了一口可樂。「他工作很認真，但對新人很嚴格，常把新人弄哭，讓他們辭職。」

說完沒多久，店長就下班了，只留下我一個人在那裡感到害怕。「你現在才說嗎？這讓我覺得很可怕。」

店長是「怪人」這點，應該已經很清楚了吧！但不僅是店長，打工的同事們也個個怪異，彷彿陣容堅強的怪胎馬戲團：嚮往溫暖而夢想移居沖繩的辣妹、一星期不洗澡自稱便利商店救世主的男子、在休息時間裡睡足五個小時的不良少年……

因為這裡治安差，每天都要跟偷竊者交手。還有，一個特別愛自言自語的老爺爺，經常來店裡光顧；半夜裡喝醉後，買下一萬日圓商品的客人也不在少數。順帶一提，我工作的便利商店裡所有商品都是一百日圓，這麼算下來，萬圓豪客每次都買一百件東西。在「爆買」這個詞還沒誕生之前，那位客人無疑是爆買的鼻祖。

在這樣奇妙的便利商店工作了大約三個月後，有一天事件發生了。

當時，我的排班是一週四次，從晚上十點到早上六點。儘管我是高中生禁止夜班，但店長說：「沒關係啦！」我只好接受他的安排。

夜班的開始一如往常。午夜過後，末班車也沒了，便利商店變得冷冷清清。寂靜中，只有歡快的背景音樂虛無地一再重複著。深夜的睏意襲來，使我的意識變得模糊。半迷糊中，我將貨車送來的新款零食擺上貨架，幾乎陷入恍惚狀態。

時間過了深夜一點，一位黑色長髮女子走進便利商店。她的動作流暢無聲，彷彿這世間的存在都與她無關。她的眼睛清澈冷冽，似乎能直視心靈深處，讓人產生被看透的錯覺。我向她說了聲「歡迎光臨」，她像沒聽見一樣，默默拿起購物籃。

可能是在為明天的早餐採購吧，只見她左手拿著購物籃，在我剛擺上架的飯糰、零食和茶飲中挑選了一些，繞了一圈後，購物籃已經裝滿了。當她站在收銀台前，最底層的飯糰被壓扁了，顯得有些可憐。

「兩千一百日圓。」我把商品裝進袋子裡，告訴她價格。

她的臉如同雕刻一般，毫無表情，一動不動。一雙眼睛冰冷如刀，刺穿我的視線，我不由得屏住呼吸。

「兩千一百日圓。」我以為她沒聽見，又重複了一遍。

她把手伸進口袋，像要拿出錢包。然而，她拿出的不是錢包，而是一小塊用鋁箔紙包著的物品。當時我心想，這是錢包嗎？但它太小太奇怪，完全不像錢包。

她輕輕打開鋁箔紙，把「東西」放在應該放錢的托盤裡。

「這樣可以。」她凜然的聲音在便利商店內迴響。

鋁箔紙裡包著的是一條鮮紅色、有些彈性的魚卵，看起來就覺得有些辛辣，讓人口水直流。然而，我一時間並未意識到那是什麼，畢竟以前從未如此仔細端詳過。

這時，我忽然想起，這家便利商店似乎也有賣這種東西，但我無法確定。眼前的女子只是靜靜地注視著我，目光彷彿能將人定住，如同傳說中的梅杜莎（*）一般。

「這是什麼？」我問。

＊梅杜莎：希臘神話人物，通常被描述為有翅膀，頭髮內藏有毒蛇的女性。據說凝視她的眼睛就會變成石頭。

「明太子。」

對了，這就是明太子！放在托盤上的魚卵，毫無疑問就是明太子。這條明太子看起來美味極了，但在深夜一點多的便利商店裡，它卻顯得十分突兀。我無法判斷這條明太子是否值兩千一百日圓，再說收銀機上也沒有「明太子」這個收費選項，我無法以明太子結算她買的商品。

「不能用明太子支付喔！」我告訴她。

她毫不動搖，又把手伸進口袋。我以為這次她會拿出錢包，但她再次拿出鋁箔紙，其中也包著一條明太子。她用纖細的手指將另一條明太子放在托盤上。

「這樣可以。」

便利商店內的歡快背景音樂使我恍惚，沒想到竟會產生幻覺。或許披頭四樂團（The Beatles）的《Day Tripper》就是在這種情況下誕生的吧！由於歌詞裡並沒有提到明太子，所以應該不是。我想逃避眼前的現實，但作為一個拿著時薪七百零九日圓的打工仔，我必須履行工作。

「這樣不能支付。兩條也不行。」明太子兩條，究竟能支付什麼？她的行為超出我的理解範疇，讓我感到恐懼。

沉默了一會兒後，她把明太子重新包好，靜靜地離開了，消失在黑暗中。

我像見了鬼一樣呆站在原地。回過神後，我把她留下的商品重新擺回貨架。那條有些壓扁的飯糰哀怨地看著我。

「真是可惜。」正當我自言自語時，一位氣喘吁吁、剪著短髮的棕髮女子衝了進來。

深夜的便利商店裡，像這樣喘著氣跑進來的顧客實屬罕見。更稀奇的是，她什麼商品都沒拿，直接來到我站著的收銀台前。

「不好意思，請問一下。」

「怎麼了？」

看著她的肩膀劇烈起伏，我感到異常緊張。汗水讓她的瀏海緊貼在額頭上。因為剛才的顧客是一位安靜無表情的女生，她的焦急之情顯得尤為明顯。

「剛剛店裡有沒有進來一個奇怪的客人？一個黑長髮的女生。」

我立刻聯想到剛才那位女子。至少在這一天裡，從我開始工作以來，除了她，沒有其他黑長髮的女子進來過。然而，我心想，能不能稱顧客為「奇怪的人」？如果我是店長，我會解僱這樣稱呼顧客的員工。而且，那位黑髮女生或許只是想以物易物，對現代貨幣制度表達抗議。我甚至對於把這樣的女生稱為「奇怪的人」感到有些抱歉。

因此，我這樣回答她：「沒有。」

「是嗎……」她聽了我的回答後，臉上露出一絲失望的表情，然後朝著黑髮女性離去的方向跑去。店內又恢復只有歡快背景音樂不斷迴響的狀態。

我正把黑髮女生留下的商品擺回貨架時，目光忽然對上了明太子。

「對啊，你原來是這個形狀啊！」

這十八年來我從未仔細端詳過它，但確實，明太子在我面前出現過的次數不可勝數：或躲在義大利麵裡，或包在玉子燒中，那微辣且顆粒的口感，是日本人喜愛的味道，無論配什麼都美味。然而，唯獨放在托盤上的樣子顯得格格不入。

「果然還是配飯最好。」我喃喃自語。拿起明太子，看見上面標著一百零五日圓的標籤。雖然不清楚那位黑髮女生的明太子值多少錢，但我決定先買下眼前這個一百零五日圓的明太子，當作明天的早餐。

KAZU KITCHEN
おいしい料理
KAZU KITCHEN

明太子義大利麵

分量 1～2人

明太子義大利麵在日本的便利商店和洋食餐廳裡都是定番（基本）菜色。我國中時，每天放學都會去全家買一份特大份的明太子義大利麵來吃。食慾正旺的年紀，一份常常吃不夠，還會再追加第二份。這樣吃雖然看不出有多營養，但男學生追求的並不是營養，而是「吃得過癮」。所以做這道明太子義大利麵的時候，不妨多煮一點，大口豪邁地嗑下去才過癮！想換口味的話，可以加上海苔、紫蘇或檸檬；如果在意營養，炒點奶油菇菇拌進去也超美味，推薦試試看。

材料

義大利麵……1～2人份
水……1公升
鹽……1茶匙
明太子……60公克
鰹魚醬油……2大匙
無鹽奶油……20公克
日式美乃滋……2大匙

作法

1 1公升清水加入1茶匙鹽巴，燒開後放下義大利麵條，按照包裝袋上指示的時間，煮熟瀝乾備用。

2 將煮好的義大利麵與所有調味料混合。

3 喜歡的話，可以加上海苔絲一同享用。

TIPS

加入青蔥或紫蘇葉一起食用也很美味。如果不喜歡義大利麵，也可以用烏龍麵代替。

不可開交的即食炒麵之戰

不管是 UFO 還是 Peyoung，
或其他品牌的炒麵，
對我來說，量多，才是王道！

「這麵以前有這麼粗嗎？」打開 UFO 蓋子的同時，我這麼想著。這裡說的 UFO 不是未知的飛行物體，而是賣泡麵的日清 UFO。小時候我在大阪長大，說到即食炒麵，首先想到的就是 UFO。

日本 UFO 與台灣賣的 UFO 不同，日本 UFO 確實比我童年記憶中的麵條要粗很多。

照慣例加熱水燜三分鐘。當我在老舊的廚房水槽上瀝水時，好幾次差點把麵條也一起倒掉。那種不小心造成的絕望感，至今依然歷歷在目。用身上僅有的一百多日圓買的即食炒麵，最後只留下空腹感，麵條卻隨排水管流走

了，像幻影般消失的炒麵，確實像 UFO 一樣無法捕捉，這名字取得可真是貼切啊！

有一次，我把醬料和熱水一起倒進去，結果吃到的是味淡湯薄的泡麵。或許大家都有過類似經驗吧！

我喜歡口感稍微硬一點的即食炒麵，經常泡兩分鐘就把水瀝掉，撈起麵條食用。若家裡有美乃滋，通常會放很多在麵裡。而且，對於正值食量大的發育中的男孩來說，一個 UFO 根本不夠吃，必須再搭配飯糰或便利商店的炸雞，來解決吃完即食炒麵意猶未盡的飢餓感。

無論如何，在家吃炒麵的話，UFO 是唯一選擇。不僅僅我家如此，昭和時代的關西，大多數家庭都這樣。

查了一下資料發現，東海、近畿以西地區吃的是 UFO，關東、東北南部地區吃 Peyoung，東北北部地區多半選擇 BAGOOOON 炒麵（焼そばバゴォーン），北海道的話則是炒麵便當（焼きそば弁当）。

總之，對住在關西的我來說，雖然也看得到其他牌子的炒麵，但吃即食炒麵的話，幾乎只會選 UFO。平日裡去朋友家玩，他們給我吃的也是 UFO。如果把我吃過的 UFO 麵條加總起來，體積可能會像 UFO 飛碟那麼大吧！

不過，前面提到的其他三種炒麵——Peyoung，BAGOOOON 炒麵和炒麵便當，在我當時居住的大阪是看不到的。UFO 霸占市場，一家獨大的局面被徹底打破，大約是在我高中畢業後不久。

「吃過 Peyoung 嗎？」青梅竹馬這麼問我。

我隨口回了一句：「是關東流行的那個吧？」心裡有些好奇。

十八歲的我們，聊天話題總是圍繞著流行偶像、漫畫、電視和食物。

「聽說大阪也開始流行 Peyoung 了。」這個不知打哪裡來的消息，曾經讓我的內心澎湃。

不過，即使如此，住家附近的超市依然只賣 UFO。我實在太想試試新味道，於是跑去便利商店尋找，沒想到很容易就找到了。只是不知為什麼，便利商店只賣超大盛（超大分量）的 Peyoung。

其實，兩個 Peyoung 的分量對食量大的男孩子來說正合適。四方形的包裝，看起來就像剪著平頭的不良少年模樣，比 UFO 還要顯得硬派。

我打開潔白的包裝，沖入熱水，做法和 UFO 一樣，不同的是碗內那包神祕的粉末。

三分鐘過後，Peyoung 似乎接受了自己不是被倒入排水口，而是進入我的胃之宿命。

「這麵條是不是太細了？」食畢，我狐疑起來。

跟 UFO 的麵條相比，這麵的粗細有點讓人失望。原本以為是硬派的不良少年，顯然是錯估了。再說麵條有點軟，對於喜歡硬麵的我來說，有些不滿足。

原先看它比 UFO 淺一點的顏色，心想「味道應該會很淡吧」，吃了一口卻發現，其實沒有那麼淡。只是和 UFO 的濃郁相比，總覺得少了點什麼，還好後味有些微微的胡椒刺激，讓我即使一口氣吃完超大分量，也不覺得膩。

吃完後擦擦嘴，心想我還是更喜歡 UFO，只是那微微的胡椒刺激和「超大盛」的分量讓人無法抗拒。自那之後幾年，UFO 一直停留在家裡的架上，再也沒被我拿出來食用。

等我就讀音樂專門學校時，午餐總是吃 Peyoung 超大盛。每次一邊吃著 Peyoung 一邊想著：或許此時 UFO 早已回到寂寞宇宙了吧！

那天，我又用熱水泡開 Peyoung 炒麵，此時，我的心早已變成都市男孩，畢竟，我吃著東京的人氣 Peyoung 泡麵啊！正當我一邊笑著，一邊製作超大份炒麵時，同學們過來搭話了。

「那個不好吃啦。」

「UFO 比較好吃。」

「Peyoung 超雷的，別吃了。」同學們你一言、我一語說個不停。

ペヤング
超大盛
やきそば
売上No.1
日清焼そば
U.F.O.
ぶっ濃い
濃厚ソース
NISSIN

他們不知道，這是現在最流行的炒麵，也不知道這炒麵的魔力。短短幾個月，我的心已經被 Peyoung 占據，彷彿成了關東炒泡麵代言人。

「Peyoung 很好吃啊！」我說道。

但在 UFO 主場的大阪，這是一場最嚴峻的戰鬥。於是，我決定尋找戰友，向其他同學徵求意見。

「Peyoung 很好吃吧？」我四處詢問。然而，其他同學的反應很冷淡，沒有人站在我這邊。

「麵太細，味道又淡，不好吃吧？」UFO 軍團一舉擊中了 Peyoung 的弱點。對於偏好濃烈滋味的年輕人來說，Peyoung 的滋味淡薄確實是個弱點。

「但是，這個分量是 UFO 沒得比的啊！」沒錯，我的王牌就是超大分量。其實我也知道味道上 UFO 比較好，雖然經過幾個月我逐漸成為 Peyoung 派，但老實說，不管是 UFO 還是 Peyoung，或他品牌的炒麵也罷，對我來說，量多，才是王道！

「那你吃兩包 UFO 不就好了？」同學吐槽我。

「煮兩次很麻煩啊！」我們就這樣你來我往吵了起來。

因為一直無法說出 Peyoung 的魅力，我不禁有些著急。難道要利用 Peyoung 的四角形包裝為理由，進行另一波出擊嗎？但這裡是音樂專門學校，這麼做恐怕會被反擊，也許對方用吉他砸過來也說不定。

當我緊握著筷子和Peyoung，身體微微顫抖時，一個男孩加入了我的陣營。

「Peyoung很好吃啊！」

「對吧！」他這麼說的同時，我也立刻回應。能找到一個戰友，我感到很高興，雖然之後我們並沒有因為這個話題而熱絡。

即使炒麵之戰讓我深刻感受到Peyoung在大阪地區的位份之低。更何況那位戰友幾個月後就退學了。

或許，他是被UFO帶走了吧！

「你知道北海道的炒麵便當嗎？」戰友被UFO帶走的幾個月後，青梅竹馬告訴我炒麵便當好像很好吃。

看來又有一場戰爭即將開打。這次會是什麼樣的炒麵奪走我心目中的No.1呢？

我充滿了期待。

TASTY NOTE

文章中雖然大談 Peyoung 和 UFO 之爭，其實深藏在我心的真愛，是那款叫作「東洋水產俺の塩」的泡麵。

前陣子在台灣的 LOPIA 超市，意外捕捉到它的身影，那一刻，我像踩到通往童年的隱形地雷，整顆心在貨架前轟然炸開。這款泡麵自我還是孩童時便已上市，卻總像稀有生物般難得一見，所以每次撞見，必定整排掃進購物籃才肯罷休。

它的麵條細瘦，卻帶著俐落的硬度，湯汁則是一擊入魂的單純鹽味——清亮得讓舌尖聽見海風。屈指一算，我沉迷於此，大概也將近三十年了吧！

它的美味，讓我真心想分享給所有愛吃泡麵的人；偏偏它的販售地點宛如都市傳說。或許，要偶遇一隻傳說中的寶可夢，都要比在街角遇見「俺の塩」還容易呢！

訂了一百個漢堡之後

相信每個人都經歷過學生時代那種感覺無敵的瞬間，而我們的無敵瞬間恰好是訂一百個漢堡。

高三的夏天，我經常感到厭倦。灼熱的陽光透過教室窗戶照射進來，我坐在靠窗位置，心裡迷迷糊糊想著：「老師為什麼不開冷氣？」每天都在相同的日常中度過，耳邊傳來偉人的故事，我卻毫無興趣。無論瞄了多少次牆上的時鐘，時間都彷彿靜止一般。

「真是厭煩啊！」我被心底湧現的虛無感包圍，喃喃自語道。

至於為什麼感到厭倦，全因為電視廣告裡那張從樓梯上蹦跳而下的小丑，穿著黃色和紅色的奇怪服裝，小丑的名字叫「麥當勞叔叔」，以及伴隨著三聲音樂，薯條香氣撲鼻而來的麥當勞漢堡。

我不知道蝙蝠俠所在的高譚市是否有麥當勞，但很確定我居住的城市有，我的第一份打工面試也在麥當勞。只是現在我厭倦了。從明確認知這份厭倦感，有將近十年時間，我沒吃過麥當勞漢堡。

十年的光陰很長。麥當勞叔叔那肥胖如茄子的大腳，一身囚服的怪奇裝扮，也都在這十年間被逐漸遺忘。當然，不只厭棄麥當勞，我也不再吃任何連鎖快餐店的漢堡，肯德基和摩斯漢堡都一樣（當時住家附近還沒有漢堡王）。

那麼，為什麼會厭倦呢？

其實沒有特別理由，只是吃膩了而已。從國中到高中，對於沒有太多零用金的學生來說，麥當勞是比學校圖書館和附近公園還常光顧的地方。放學後，推著腳踏車和同學一起走在夕陽斜照的街道上，最後的目的地幾乎都是麥當勞。

不論考試前的溫書複習、考試後小小放鬆一下，還是暑假前的結業式後，我們都會聚集在麥當勞，吃漢堡已然成為一種儀式——只要向漢堡祈禱，肚子就會填滿。麥當勞就像電玩遊戲 RPG 的旅館一樣。我們把疲憊的同伴裝進棺材裡（腳踏車），費力地往學校附近的店鋪移動，只要豪爽掏出鈔票喊一聲：「漢堡來一個！」HP（*）就能恢復。

＊ HP：生命值（Hit Points 或 Health Points）的縮寫，俗稱血量，是電子遊戲中代表角色單位生命力／存在／耐久度的量化顯示。當一個角色受到攻擊或受環境影響，一定數值的點數就會自其 HP 中扣減。

失戀的朋友、因社團比賽輸掉的同伴，只要一個漢堡，HP就能回滿。那時的我們甚至感覺能因此打倒魔王。然而，學生時代的魔王不外乎老師或媽媽、爸爸。青少年通常不會對這些大人心存感激，一邊聊著對家裡和學校的諸多抱怨，一邊大口吃著漢堡。

感覺無敵的瞬間

在我國中時代，日本的漢堡便宜到一個只賣五十九日圓（約合新台幣十二元）。和朋友湊錢一起訂一百個漢堡，只要五千九百日圓（約新台幣一千二百元）。記得上次我帶老婆去吃無菜單和牛燒肉，一個人就要價新台幣三千元。第一口吃來驚為天人，瘋狂拍照，但一整套十二道菜，大約吃到第五道時，感覺味道都一樣，最美味的反而是餐後的甜點布丁。

花三千元新台幣，吃到第五道就膩了，還不如花一千二百元買一百個漢堡更划算吧？大多數人可能不會這麼想，可是對於青少年時期的我們來說，每天都在新手村打倒史萊姆，一百個漢堡實際上就是等待我們挑戰的魔王。

這種挑戰行為不僅是我們，在當時的學生圈滿流行的。如果換到今日，這種行為可能會變成大胃王挑戰，甚至會被環保人士批評為浪費。好在那時候沒有YouTube、Instagram、TikTok，所以即使把吃不完的漢堡丟進垃圾桶，也不用擔心被批評，甚至「炎上」。

但是，當我們來到麥當勞櫃檯前訂一百個漢堡時，總會情不自禁地笑了出來。單純只是說一句「一百個漢堡」而已，不知為什麼莫名想笑，話都說不出口。我們整個團隊幾乎全滅，只有其中一個同學能做到不笑訂單，他才是真正的勇者。

現在想來，當時的我們真是惹人厭的孩子。相信每個人都經歷過學生時代那種感覺無敵的瞬間，而我們的無敵瞬間恰好是訂一百個漢堡。

然而，這種無敵時間比超級瑪利歐兄弟（Super Mario）的無敵星星還短。當漢堡如山一般堆在面前，我們的興奮感倏地消失，回到現實。嚴格來說，我們並未失去戰鬥意志，也沒有逃避，只是沒辦法保持高昂的興致。當「敵人」來到眼前，我們已經膩了，真是不堪一擊。

國中生本來就是容易厭倦的生物，從訂單到到貨之間，我們早已意識到無法吃完。畢竟，訂一百個漢堡，工讀生需要大約一個小時才能做好。所以，當漢堡魔王來到檯前時，我們有的在看漫畫，有的甚至想回家。

「勇者啊，能看向我這邊嗎？」漢堡魔王孤單地望著我們。

對不起，魔王。你無法成為我們的同伴。

實際上，我們每人大約吃了四個，剩下的帶回家，當作第二天的點心，或分給家人。當時我們六個人訂了一百個漢堡，一人帶十六個回家。第二天，我們的午餐都是漢堡，每個人約帶五個。漢堡大富豪從此誕生了。

漢堡那麼便宜，我們幾乎每天放學後都會去吃，吃到厭倦也是難免的。現在回想起來，真佩服自己竟然撐到高三才感到厭倦。「不想要，直到勝利」是日本戰時的標語，若按這個標語，不吃漢堡，我可能不會厭惡它達十年之久。

高中畢業後，我如願離開漢堡，想把生命花在其他美食上。天性愛吃的我，打工後身上有點錢了，開始每天去新的咖哩店、評價好的拉麵店，有時會去燒肉店或居酒屋，結果最後差點破產。說起來，漢堡才是學生的好朋友，其他外食都是銷金窟。

高中畢業前，我只在新手村打史萊姆，外面的世界離我很遠。當時漢堡一個一百日圓（約合新台幣二十元）、牛丼二百七十日圓（約新台幣五十六元）、拉麵七百日圓（約新台幣一百四十五元）、咖哩八百日圓（約新台幣一百六十五元）、燒肉三千日圓（約新台幣六百二十元），而我的時薪是八百日圓。換言之，在美式披薩店上班的我，賣一小時披薩，剛好夠買一碗咖哩飯。

反觀我的每日三餐都是拉麵、咖哩、拉麵……偶爾去居酒屋、烤肉店消費，有時候在咖啡館享用時髦午餐，過著這種任性的生活，自然會破產。當時的大阪正熱衷於拉麵和咖啡館，新店不斷開張，我拚命地追趕潮流，瘋狂去各個咖啡館朝聖。

我熱愛閱讀《SAVVY》，裡面一旦介紹新的咖啡館，無論在大阪、京都、奈良還是京阪神地區，我都會以光速趕去（實際上是坐電車）。那時的我為了不落後於潮流，經常出入時髦的咖啡館，喝著不懂味道的咖啡，吃著價格高但吃了不會飽的食物，之後再跑去吃一碗拉麵。

此時，我通常會感嘆：「咖啡館真貴！」

那時候，我還不知道自己對咖啡過敏，每次去完咖啡館都會不舒服。我的體質與咖啡館格格不入。當時，愛時尚的朋友都喜歡咖啡館，而日本男生大多喜歡拉麵店。便利商店裡堆滿「決定版！大阪拉麵名店100家！」這樣的雜誌，我心裡想「趕快決定一下吧！」但新店不斷開張，根本無法做出有效決定。

即便阮囊羞澀，我還是沒再吃過漢堡。

繼續挑戰漢堡魔王

當時，我是「不吃漢堡派」的忠實信徒，寧願忍受在咖啡館裡身體不適，也不願意吃漢堡（雖然這麼做對我的錢包不太友好）。儘管如此，我偶爾還是會破戒，通常是受到學長邀請的時候。曾經想讓學長加入我信仰的「不吃漢堡派」，可惜他總是醉得太厲害，每次勸誘都失敗。每當我在大阪美國村的麥當勞前偶遇他時，他都一手拿著紅酒，醉醺醺的。

「KAZU醬，我知道一家很棒的居酒屋，要不要去？」每次他都用同樣的話邀我去喝酒。但我知道，他所說的居酒屋就是麥當勞。

「這裡的小吃只要一百日圓，便宜吧？」聽他把四歲小孩吃得津津有味的雞塊，形容是「小吃」，讓我有點驚訝。仔細一想，確實是小吃，而且很便宜，於是不禁點頭認同。

考慮到在店內喝紅酒不太合適，我們買了漢堡、雞塊和薯條，前往附近的三角公園。夕陽的光芒將街道染成紅色，與紅酒相映成趣，我們在公園裡打開酒瓶。穿著個性鮮明的年輕人來來往往，笑聲和外語交織在一起，這個熱鬧的地方，只有我們聽到了開瓶的聲音。沒有人在意我們這些穿著普通服裝的醉鬼，我們反覆談論著自己對未來的憂慮，和喜歡的偶像這一類無聊話題。

「確實是不錯的小吃呢！」我說道。學長聽了開心地笑了，手裡握著一百日圓硬幣和酒瓶，再次走向麥當勞去買新的小吃。

十年過去了，我來到台北。初次踏上寶島的我，因為不懂中文進入語言學校學習。當時我連街上的招牌都看不懂，更不用說去咖啡館點餐和學習，我唯一熟悉的地方就是麥當勞。

有一天，突然想吃麥當勞。在摩托車的廢氣和路邊攤販飄來的香腸味中，我看見了熟悉的紅黃色招牌。在懷念和不安的交織中，我踏進店裡。耳邊傳來熟悉的炸薯條聲響，像久違的朋友向我打招呼。我還聽到台灣年輕人的笑聲，雖然我一句話都聽不懂，但那種氛圍讓人懷念，並感到無比親切。

我努力辨認遠處模糊的菜單，用拙劣的中文和店員溝通，最終順利完成點餐。我的托盤上放著一個漢堡、一杯可樂和有點軟的薯條。長大後的我，一個漢堡已經足夠。

久違的魔王對我微笑，似乎在歡迎這次久別重逢。

「終於肯看我了呢！」

戰意在我心中重新燃起。二十七歲的我手中沒有紅酒，也沒有遇見像小丑一樣的麥當勞叔叔。但那久違的漢堡，依然有著熟悉的味道。經歷了一番波折，我重新發現，新手村才是讓我感到最舒適的地方。

十年過去了，我在這裡找到那份可以說一句「我回來了」的安心感。又過了十年，我發現比起牛肉漢堡，自己更喜歡麥香魚。即使到了三十多歲，

魔王依然強大。

但我知道，我會一次次繼續挑戰。

TASTY NOTE

每次走進大阪的三角公園，那段記憶就像薄霧，自樹梢悠悠瀰散而下。

曾有近十年光陰，我與麥當勞形同陌路；如今卻往往一週報到一次，有時甚至更頻繁。這巨大的落差，到底從何而來呢？

走進麥當勞，我永遠點同樣一份套餐——麥香魚、大薯條，再加一杯零卡可樂。因為台灣的薯條鹽巴撒得比日本含蓄，我總要再輕輕補上一層細鹽；至於可樂，則悄悄添上一口傑克丹尼（編按：美國品牌的威士忌酒），讓氣泡翻騰起微醺的木桶餘韻。

聽來的確對身體不太友善，但在凌晨一點，把這份罪惡美食狠狠灌進胃裡，正是此生最大的幸福。

果然，麥當勞就是最完美的下酒菜啊！

牛丼是記憶中不變的存在

每當那甜鹹的滋味在口中擴散開來，
總讓我有一種時間停止的錯覺。
不論吃多少次，
牛丼似乎永遠是我記憶中那個「不變的存在」。

夢想，無法填飽肚子；然而，夢想確實能讓心靈富足。年輕時，我有許多渴望與人分享的夢想，多不勝數。

在我年輕時的日本，透過飲酒來進行溝通的社交文化的確存在。因為喝了酒之後，人們更容易吐露真心話。

但也有人認為，若不飲酒就無法談論的話題，根本不應該說出口。這話說得很有道理，我無法反駁。然而，酒精的存在總能讓氣氛高漲，也讓人興奮地不斷談論夢想。

追逐夢想的過程中，難免伴隨苦痛。我們總是假裝看不見那耀眼彼端潛伏著的苦難。這時候，酒就像麻醉劑，能短暫掩蓋心中的疼痛。可是一旦酒醒，現實便如潮水般洶湧襲來。

二十幾歲的我，為了靠音樂糊口，拚命奮鬥著。有時一個月要演出十五場，空檔時間還要打工賺錢。儘管如此，站上舞台的那一刻，緊張與興奮交織。觀眾的熱情、笑臉，聚光燈的刺眼，吉他聲在會場中迴盪，讓我整個人因激動而汗流浹背，腦袋甚至一片空白。

那段時間是無可比擬的極樂時刻。當最後一個音符響起，掌聲如潮水般湧來。就在那瞬間，我彷彿成為無敵的存在。

然而，一走出演出場館的後門，現實便如冷風般席捲而來。打開錢包，裡頭僅有幾張零散的鈔票和零錢孤零零地躺著。

「沒錢。」這殘酷的現實，瞬間將夢的世界無情摧毀。

打工的薪水頂多也就三萬台幣左右。每週兩次的樂團練習室租金，還有為了去東京或名古屋演出的交通費，再加上每晚一如往常的飲酒聚會，到了最後，連明天吃飯的錢都所剩無幾，口袋空空如也。

在高昂的興奮與深沉的絕望之間，我不斷來去徘徊。站在舞台上時，眼前似乎能看見閃閃發光的未來；一旦走下台，迎接我的卻是無比沉重的現實。

追逐夢想的痛苦，與放棄夢想的痛苦。若無論選擇哪一條路，都免不了痛苦，我至少希望能在夢中受苦。

即便接受了現實，但那份對夢想的熱情卻從未熄滅，依然在心中熊熊燃燒。就這樣，我懷抱著夢想與現實，再次站上了下一個舞台。然而，僅憑這股熱情是無法維持生計的殘酷事實，總是縈繞在身旁。

手頭一如往常的吃緊，依然沒有明天吃飯的錢。即便如此，只要能藉著酒精微醺，眼前的世界便會迷濛一些，心情也稍稍輕快起來。此時，我彷彿有些理解那些成名的搖滾明星，為何會沉迷於毒品了。

記得高中理科老師曾經說過：「在追夢之前，先看清現實。」

他說：「我現在很想拋下課程去看世界盃足球賽，但我仍然在這裡教書。為什麼？因為如果不賺錢，就無法去看比賽。夢想是美好的，但如果不面對金錢這個現實，就無法追夢。」

當時的我心想，這種話對高中生說未免太現實了吧？然而，每當看著演出觀眾數量沒有增加，而錢包裡的鈔票卻愈來愈少時，我總是會想起他說的那句話。

即便如此，我還是無法停止追逐夢想，也無法停止與人分享我的夢想。腦袋似乎已被某種東西麻痺，不全然是因為酒精的緣故。就算沒有演出的日子，總是因為某個理由被前輩、後輩或是演出場館的工作人員邀出去，打工結束後自然而然地又走進了居酒屋。

前往居酒屋之前，先嗑飽牛丼

我小時候對居酒屋的印象，是住家附近商店街上那種容納超過十個人，就會顯得擁擠的小店。店裡煙霧繚繞，成年人手拿著啤酒，一邊吃著生魚片、燉菜，或者用炭火烤過的魚。這樣的場景，構成了我幼年時代對居酒屋的回憶。

等到我可以喝酒的年齡，這些小小的居酒屋早已經逐漸消失不見。或許是因為住家附近蓋起了大型購物中心，不僅商店街的居酒屋不見了，就連賣菜的八百屋、賣便當的小店也一併消失了。

「鐵捲門商店街」這個詞，彷彿就是從那時候開始，不斷出現在我的耳邊。

但居酒屋真的就此衰退了嗎？

不，並非如此。

日本人對酒有著深厚的情感，居酒屋怎麼可能完全消失呢？它們只是換了個樣貌而已。

連鎖居酒屋開始在街頭巷尾遍地開花，義式居酒屋、西班牙風居酒屋，甚至還有監獄主題的居酒屋，這些店似乎都是在那時期冒出來的。我二十出頭的時候，每次提到去居酒屋，幾乎都會選擇這些連鎖店。理由很簡單——便宜。

即便是現在，日本的消夜文化仍然不像台灣那麼發達。在深夜跑去買鹽酥雞，或者買滷味，這樣的情景在日本是不存在的。如果半夜肚子餓了，大概也只能去便利商店買些泡麵或零食，或者去麥當勞、吉野家，再不然就找家拉麵店飽餐一頓，選擇實在不多。

不過，居酒屋往往營業到凌晨。雖然和台灣的宵夜文化有些不同，但晚上十點被前輩叫出去喝酒，一直喝到天亮，這在日本是稀鬆平常的事。說它是另一種形式的「宵夜」，也不算誇張吧！

靠打工維生的我，作為一個不暢銷的樂團成員，即便晚上十點被前輩叫去居酒屋，也深知不會有人替我買單。因此，每次都想著要盡量省錢。這種想法不僅我有，薪水低的現場演出工作人員、後輩，甚至前輩，大家都是如此。

所以，在去居酒屋之前，我們通常都會先去一個地方：牛丼店。

這樣的順序，對我們這群窮困的音樂人來說，簡直是生存策略。那時候，一碗牛丼只要二百八十日圓，居酒屋的酒也是二百八十日圓起跳，菜餚也大多從二百八十日圓開始算。

在居酒屋，我們的食物通常簡單到只點炸薯條，因為我們希望多喝點酒來逃避現實，但又不想花太多錢。於是，先去牛丼店填飽肚子，再轉戰居酒屋，這樣的路線，對我們這些沒錢的樂手來說，再合理不過了。

深夜十點的牛丼店，總伴隨著些許罪惡感，加上接下來必須和前輩耗到首班車的煩悶，味道自然不怎麼美妙。然而，追逐夢想的興奮，讓每一天都充滿樂趣，心齋橋的街頭在我眼中，的確是名副其實的不夜城，燦爛無比。

說到這裡，記得當時因為狂牛症影響，牛丼有好長一段時間被豬丼取代。其實我更喜歡豬丼的滋味，可惜等我意識到這一點時，它已經從菜單上消失了。

牛丼的甜鹹味道，加上微微偏硬的米飯，這種完美對比，總會被我用大量的紅薑打破。我喜歡這樣用滿滿的紅薑搭配著吃。有時我會點「多加湯汁」版本，搞得像是在吃粥，但有些日子上桌的湯汁又少得可憐。這種不確定性，反倒讓每次吃牛丼變成「一期一會」的獨特經歷。

對於牛丼，有人嫌牛肉太薄，其實從實際角度來看，薄一些反而更好；也有人抱怨牛肉偏硬，但對於一碗二百八十日圓（約六十元台幣）的牛丼，期待像高級和牛一樣入口即化顯然是不合理的。再說，太豐腴的脂肪會讓牛丼變得過於油膩，難以下嚥。這樣想來，少油的平衡反而是一碗牛丼的完美之處。

桌上的七味粉也是一大亮點。我喜歡大量撒上，讓整碗牛丼被染成紅色，即便如此，調味依舊不會太辣，只留下淡淡的香氣，這種奇妙的味道讓我欲罷不能，總是像撒調味粉一樣，大量地使用。

在日本，還可以加點生雞蛋。我總是在吃到剩下三分之一牛丼的時候，打顆生蛋進去，攪拌均勻後再吃。生蛋包裹著牛肉和米飯，瞬間變得溫潤柔和。像喝湯一樣快速吞下，連帶著罪惡感也隨之消散，取而代之的是一種無法形容的滿足感。

吃完一碗牛丼，肚子總是能填得滿滿的。如果還覺得不夠，我就會喝幾杯桌上的水來欺騙自己的胃。當時沒什麼錢的我，一有困難，總是靠牛丼來度日。

吃飽牛丼後，我們便前往居酒屋。

炸薯條＋酒，居酒屋的日常

到了居酒屋，我們通常點上一份象徵性的炸薯條，再加上免費供應的高麗菜。至於第一杯酒，幾乎總是啤酒。不過，那時的我其實不喜歡啤酒，倒不是因為苦味，而是對麥芽和啤酒花的味道不感興趣。現在的必點是HIGHBALL和檸檬沙瓦，但當時除了啤酒，似乎沒有其他經典選擇。

所以，我的選擇標準很簡單：只要有酒精且不讓我排斥就行。

也因此，我嚐遍了葡萄酒、雞尾酒、梅酒、可樂嗨和各種沙瓦，但除了「有酒精」這一點，沒有其他特別的感受，喝酒對我來說只不過是為了喝醉而已。梅酒的「on the rock」和蘇打水調和在我看來也只是酒精濃度的差異。當時喜歡的女孩喜歡梅酒，所以我也假裝自己喜歡。至於燒酎的芋與麥、日本酒的味道、威士忌品牌的區別，我根本無法理解。

然而，某個時候開始，HIGHBALL和檸檬沙瓦成了「定番」，單憑這個標籤，我竟也能習慣性地喝了起來，真是奇妙。

HIGHBALL只不過是威士忌加上滿滿的冰和碳酸水，而檸檬沙瓦則是檸檬汁、燒酎和碳酸水的混合。這兩種酒不僅搭配任何料理都合適，還不會過於甜膩，讓人可以像喝水一樣一杯接一杯地喝下去。不過說實話，酒和料理的搭配並不重要，因為我的肚子早已被夢想與二百八十日圓的牛丼填得滿滿的。

偶爾點的烤雞串或釜飯，吃久了自然會覺得厭煩。但奇怪的是，即便日復一日重複著這樣的生活，我從未對居酒屋前吃的那碗牛丼感到厭倦。每當那甜鹹的滋味在口中擴散開來，總讓我有一種時間停止的錯覺。

不論吃多少次，牛丼似乎永遠是我記憶中那個「不變的存在」。

隨著酒一杯杯下肚，視線因前輩的煙霧變得模糊，酒意讓前輩和後輩的臉漸漸變形。勸告名義下的訓斥一如往常，但我的心早已飄向遠方。

「為什麼我要花這麼多時間聽同樣的話，還要自己掏腰包？」心中的煩躁無法抑制。

酒醉與疲憊交織，最終我只能趴在桌上睡著。每當這種虛無感包圍著我時，我總會意識到，天亮又即將到來。這樣的瞬間，成了當時日常生活的一部分。每次醒來後，我的頭都疼得厲害，總想蹺掉打工，但為了追逐夢想，我還是拚命趕去上班。

隨著逐漸成長，成為音樂人的夢想也悄然隨風飄散。當我開始和普通人一樣工作，經濟變得寬裕，酒也不再是僅僅用來逃避現實的麻醉劑，而成了一種享受生活的工具。

我不再需要依靠牛丼填飽肚子，也不再需要為了省錢才去居酒屋。

十年後再踏入居酒屋時，已經全面禁菸，外國觀光客變多了，甚至還能看到帶著孩子的家庭，居酒屋彷彿變成了家庭餐廳。曾經充滿我青春記憶的碎片，似乎早已不復存在。然而，料理的味道卻沒變，當年那讓我吃到厭煩的味道，至今仍舊讓我感到厭倦。

聽說最近台灣也開了居酒屋。不知道會不會有一天，再次去品嚐那個曾經吃膩的味道呢？

在家做吉野家牛丼

分量 3 ～ 4 人

材料

牛肉……400 公克

洋蔥……1 顆

料理酒或白葡萄酒……50 毫升

調味料

韓式牛肉粉……1 大匙

水……300 毫升

砂糖……2 大匙

醬油……1.5 大匙

烹大師鰹魚粉……1/2 茶匙

作法

1 洋蔥逆紋切片狀後，放進保鮮盒中，開500w微波加熱5分鐘。

2 在鍋中放入酒或白酒加熱，讓酒精揮發。

3 酒精揮發後加入調味料煮滾。

4 滾開後轉中火，放入牛肉煮10分鐘（灰色浮末不取出也沒關係）。10分鐘後加入洋蔥並關火。蓋上鍋蓋放涼，放入冰箱冷藏一晚。

5 要吃的時候，只要從冰箱取出加熱，再鋪在熱熱的飯上，就是一碗完美的日式吉野家牛丼！

TIPS

1. 煮好的牛丼放入冰箱冷藏一晚，牛丼會更加入味。
2. 如果想馬上吃的話，洋蔥放入後不妨再續煮5分鐘，使其入味更美味喔！但是，我認為冷藏一晚的味道最好吃。

好吃不過餃子，多變不過沾醬

餃子的滋味由掌廚者控制，
但沾醬提供身為食客的我們一個自由發揮的空間，
這是餃子最貼心的地方。

日本的餃子與台灣的鍋貼，儘管在形狀和味道上有所不同，本質卻是一樣的。

雖然有人會堅持「二者完全不同」，這種觀點我能理解，但它們即便存在一些差異，也不會像軟糖與壽喜燒那樣天差地遠，最終仍能歸結為「餃子就是鍋貼」這樣的聯想。

我的母親來自台灣，但我在日本出生長大，自然從小吃著日本餃子長大。日本的餃子依地區略有不同，一般使用豬肉、高麗菜、甜蔥、大蒜、生薑等食材，再以醬油、蠔油、雞粉等調味料調味，皮薄且味道濃郁。

薄薄的餃子皮帶來絕佳口感，酥脆的焦香邊緣，配上調味醬汁，每咬一口，濃厚的肉汁便充滿口腔，與白飯十分相配，讓人停不了口。

記得我第一次品嚐台灣鍋貼時，也有相似的感動，因此總是疑惑它們為什麼不搭配白飯或炒飯，在日本，煎餃和白飯是天生的好朋友。

我曾在下北澤吃過麵皮稍微厚一些的餃子，口感接近水餃，彈性十足；在名古屋吃到的餃子裡竟然包有銀杏；在京都則吃到加了大量九条蔥和白菜的餃子。不同地區和店家的餃子有濃淡不同的味道、厚薄不同的麵皮，無論哪種餃子，都能讓我邊吃邊感嘆：「餃子真好吃啊！」而心滿意足。同樣的感受，也出現在台灣的八方雲集鍋貼和京都王將的餃子上。

餃子的滋味由掌廚者控制，但沾醬提供身為食客的我們一個自由發揮的空間，這是餃子最貼心的地方。它不像炒飯或麻婆豆腐那樣，必須按照主廚的配方享用，僅有一種滋味。餃子給予我們自由選擇的權利，無論是加入辣油，還是僅用醬油，或是選擇醋加醬油，沾醬能為餃子呈現多樣性的面貌。

即使基本佐料相同，透過不同的配比，仍能創造出千變萬化的味道。我們或許能通過餃子，學習到何謂真正的多樣性。（這種形容可能有些誇張）

白醋＋黑胡椒＝最強沾醬配方

幼年時代，我總是用醋和醬油搭配餃子。每次去到拉麵店或餃子店，桌上必備有醋、醬油和辣油，這些調料可以根據個人口味來做調配，為餃子增添風味。有時我會多加一些辣油，有時則會多加一些醬油，隨當天心情改變味道，這樣的調配過程讓我感到非常有趣。

當時，我最喜歡的比例是醬油：白醋：辣油——5：4：1。醬油稍多的沾醬配方是我心中的黃金比例。順道一提，我曾經工作過的一家拉麵店，店裡的餃子沾醬是由店家調配後提供的。那個配方幾乎與我的口味一致，比例是醬油：白醋——6：4，最後再加入大量味精。辣油則讓客人自行添加。

那麼在台灣，人們吃餃子的時候，通常怎麼樣調配沾醬的比例呢？

我注意到，有些店家只提供醬油或醬油膏。但是，在日本根本沒有醬油膏這種東西。

從高中開始到二十多歲後期，我一直在樂團活動。有時一個月內有十場演出，幾乎每場演出後都有慶功宴。演出後的慶功宴，對我們這些樂隊成員來說，就像是一種儀式。無論觀眾多寡，我們總是聚在一起，這是我們確認彼此對音樂熱情的一種靜默誓言。

經過一場熱情賣力的演出，走下舞台後，表演者的身體會被一種奇妙的感覺包圍。耳中依然迴盪著剛剛舞台上的轟鳴，短短三十分鐘或一小時的表演，讓我們汗流浹背，幾乎耗盡全身水分。雖然身體因疲憊而感到沉重，心情卻格外輕鬆。

每次，我都會帶著這種心情，開著樂器車，看著其他成員喝酒，自己則一邊吃飯，一邊羨慕他們。這成了我演出後的一種常態。

有一天，在京都的 KYOTO MUSE 結束了一場演出後，我載著要好的音控師和樂隊成員駛回大阪。回程路上，我們決定去吃餃子。於是來到了京都王將本店，毫不猶豫地點了餃子。

當天，我如常地打算用自己的黃金比例沾醬來享用餃子，音控師卻說：「我要教你最強的吃法，用這個試試看。」說著，他拿起桌上的白醋倒入小碟中，然後拿起了黑胡椒撒下去。

透明的白醋逐漸被黑胡椒的顆粒染黑，原本清澈的液體在幾秒內變得如午夜大海般漆黑，彷彿在嘲笑我這個不成功的樂團成員。

「絕對是騙人的。」我說。

音控師笑著說：「就當是被騙了，試試看吧！」

我懷著被騙的心情咬了一口，結果，奇妙的事發生了。餃子濃烈的大蒜香和豬肉的鮮腴，被白醋的酸味完美調和了，讓演出後疲憊的身體和胃得到料的美味。

適當撫慰。大量的黑胡椒刺激味蕾，與白醋的清爽相融合，形成一種出人意

平時吃十個餃子就覺得夠了的我，這次被這種清爽又有衝擊力的沾醬俘虜，似乎可以一直吃下去。太太太好吃了！

其他成員也用這種「黑胡椒＋白醋」的沾醬吃餃子，紛紛讚不絕口。以前的沾醬確實能讓人滿足，但這全新的搭配，感覺像迎來了新時代，一舉掃去我對未來的迷茫。每次咬下餃子，再扒一口白飯，都讓我感受到嶄新的幸福滋味。

「是不是最強吃法！」音控師得意笑著，啜飲著啤酒。

我們貪婪地吃著餃子和白飯，不到十分鐘，一份包含十六顆餃子和一碗白飯的套餐，就被我們掃光。從那之後，吃餃子時，我總是堅持這種調味方法。

來到台灣後，小吃店的餐桌上很少見到黑胡椒，通常都是白胡椒，但即便如此，我依然能用嚐鮮的心情享受餃子。過了三十歲之後，餃子中濃郁的大蒜味和肥腴的豬肉餡，讓胃的負擔變得愈來愈重，中午吃上十個餃子，就會讓我覺得不需要吃晚餐了。

然而，用最強沾醬配方「黑胡椒＋白醋」搭配來吃，竟然能奇妙地連續

吃十個、二十個餃子。

成為音樂人的夢想雖未實現，但我肚子裡裝滿了那天的回憶和夢想。如果不這樣想，每次看到自己漸漸隆起的肚子，心情都會變得無比憂鬱。不過沒關係，再過一週，我又會用最強餃子沾醬，和新的夢想及希望塞滿肚皮。

おいしい料理

KAZU KITCHEN

來做正宗日式煎餃

分量 2～3 人

材料

沙拉油……3大匙

內餡

絞肉……150公克

高麗菜……150公克

蒜末……1瓣

韭菜……3支

雞粉、醬油、香油……各1茶匙

鹽巴……1/2茶匙

蛋……1顆

餃子皮……30片

作法

1 將韭菜切末。

2 高麗菜切細絲。

3 接著把所有內餡材料混合拌勻。

4 用餃子皮將餡料包起來。

5 在平底鍋中開大火加熱後，倒入2大匙沙拉油，放入大約10個餃子。（※冷凍的餃子不需要退冰，直接煎就好。）

6 接著加入100毫升的熱水。（也可以加入常溫水）

7 熱水加入後蓋上蓋子，轉中火蒸煮4分鐘。常溫水的話，大火加熱5分鐘。

8 接著取下蓋子，如果鍋子中還有殘留水分的話，再加熱1～2分鐘。（※加熱直到鍋中水分全部蒸發也不用擔心。）

9 起鍋前加入1茶匙沙拉油，再加熱1分鐘，底部煎得焦焦的就完成了。沾上醋醬油一起吃，是正宗的日式吃法。

TIPS

1. 餃子包好後就可以直接放在平底鍋中煎熟。如果不是包好馬上要吃的話，可以冷凍保存。
2. 起鍋前加入的沙拉油，也很推薦以麻油取代，又香又美味。

CHAPTER 3

快樂出航，微風中的旅人之味

讚岐烏龍麵的冒險之旅

車頭燈照亮的柏油路如無盡的銀色帶子，蜿蜒向前，帶領我們奔向那一場屬於讚岐烏龍麵的冒險之旅。

小小的三菱 Pajero Mini，就像我們的私人飛機一般。對於曾經只有電車或腳踏車作為代步工具的我們來說，這台車彷彿是一件剛到手的魔法道具。兩扇門、後座狹小、油耗高，高速行駛時還會吱嘎作響。但即使是那樣的顫動，也成為我們青春的節奏。

這台小車對剛滿二十歲的我們來說，簡直像是夢幻般的交通工具。

凌晨三點，天還沒亮，我們三個從小一起長大的死黨，懷著睡意與興奮，一頭鑽進這位小夥伴的身體裡，從大阪府堺市出發，目標是香川縣高松市。車窗外，街燈的光芒宛如流星般飛馳而過。

當時，從我住的大阪府堺市開車到高松，約莫需要三個小時。

車內充滿了流行獨立樂團的旋律、坐在副駕上翻書的沙沙聲，以及後座熟睡朋友發出的鼾聲。

「喂，乾脆在哪裡把這傢伙丟下算了吧。」

「他到底什麼時候才要考駕照啊。」

「說真的，丟下他吧！」

嘴裡說著這些無聊話，我們的心卻隨著快速轉動的車輪一般，在高速公路上雀躍不已。

早上六點，懷著期待與希望，我們踏入了高松的街頭。此行的目的，是尋找一種如純白婚紗般美麗、嬰兒肌膚般細緻光滑的美食——讚岐烏龍麵。

雖然日本各地的烏龍麵種類繁多，但讚岐烏龍麵有其獨特魅力，光滑亮麗的表面與咀嚼時獨特的「彈性」，是其迷人之處。每當一根麵條滑入口中，充滿韌性的口感輕輕彈回牙齒間，接下來小麥的芳香在舌尖悄然綻放。這種極致的享受，主要源自熟練職人反覆揉打麵糰時，已將自己的靈魂悄悄注入其中。

此外，一旦談及讚岐烏龍麵，更不能忽略其靈魂——經典高湯。由瀨戶內海孕育的柴魚、小魚干與昆布共同熬煮而成，呈現出一抹清澈的金黃色澤，如同承載了海與山共同記憶的琥珀。當高湯與麵條交織融合，鮮味與Q彈口感深層地相互襯托，令人一口接一口，難以停箸。

一碗讚岐烏龍麵，不僅僅是一頓餐點，也是一場瞬間的旅程。當麵條滑入口中，耳邊彷彿響起海風吹送的浪濤聲，或是田間輕風的呢喃。這是一種將瀨戶內的風景投影在心底，深刻銘刻於記憶中的詩意體驗。

正是為了品嚐這般詩意且帶有藝術性的烏龍麵，或更準確地說，為了「攻略」它，我們來到了這裡。

攻略書開啟讚岐烏龍麵的冒險之旅

我們的右手握著一本名為《讚岐烏龍麵全店制霸攻略本》的厚重書籍。翻開那本書的一瞬間，心中的激動無法抑制。每一頁的翻動，都帶出陌生的地名與一家家店鋪的照片，那情景彷彿遊戲中的冒險地圖徐徐展開，而我們如同推開了一扇通往新世界的大門。

我過去玩任何遊戲，總是緊握攻略本逐步攻略。如今的世界，可以隨時透過攻略網站或 YouTube 搜尋全球美食資訊，但那是還沒有「數據科學家」或「機器學習」這類詞彙的時代，透過網路查詢店鋪資訊也並不普遍。因此，我們選擇買下這本「攻略本」。而後，我們一群人單純地埋首於那本攻略書，逐字逐頁地研究。

清晨五點，車內播放的音樂早已成為背景噪音。我一邊強忍睡意，繼續駕駛；坐在副駕位置的朋友，低聲嘟囔了一句「還有一個小時」，手裡不斷翻著攻略本。

夜晚的高速公路一片靜謐，車頭燈照亮的柏油路如無盡的銀色帶子，蜿蜒向前，帶領我們奔向那一場屬於讚岐烏龍麵的冒險之旅。

翻閱攻略本後，我們才發現讚岐烏龍麵店的營業時間，比想像中還要早。有些店早上六點就開門，到了下午一點便打烊。為了能多吃幾碗，我們決定通宵駕車，直奔目的地。

「早餐就是烏龍麵。」懷著這樣的信念，我更加用力踩下油門，車輪在夜色中劃出一道堅定的軌跡。

早上六點的早餐，當然是烏龍麵。通宵熬夜後的胃袋，最適合以那溫柔的琥珀色高湯來撫慰。

懷著這樣的想法，我點了一碗普通的「烏龍湯麵」。簡單的組合——高湯、烏龍麵，以及一撮青蔥，沒有多餘的裝飾，卻滿溢著精緻的美味。

此外，作為怕燙的貓舌一族，我偏愛「ひやあつ（Hiya Atsu）」這種點法。冷麵搭配熱高湯的吃法不僅味道絕佳，還能讓人充分感受麵條的彈性與嚼勁，同時湯也因稍稍降溫而不會燙傷舌頭。領悟到這種吃法，背後是數次被滾燙的湯燙到狼狽不堪的經驗，如今回想起來，那些失敗也成為溫暖而珍貴的記憶。

一口烏龍麵滑入口中，小麥的香氣與魚介高湯的味道，立刻在嘴裡蔓延開來，支配了整個味蕾世界。當我慢慢咀嚼麵條時，那份彈力讓人驚嘆。它並不硬，而是一種只有烏龍麵才具備的獨特彈性，與「Q彈」或「嚼勁」還有些微不同，卻讓人一試成癮。

當麵條在齒間被咬斷的瞬間，小麥的香氣瞬間氾濫，緊接著，與浸透小魚干香氣的高湯順勢一同吞下。腦海裡浮現的，竟是高松港眺望瀨戶內海時，那初升朝陽的景象。靜謐而壯麗的畫面，與琥珀色的湯汁融為一體，悄悄注入我的內心。那一刻，通宵未眠帶來的疲憊與睏意，猶如退潮般無聲散去，只剩下旅途中純粹的幸福感，留存心間。

花了三個小時開車來到香川，我們卻只用了短短十分鐘，就把一碗烏龍麵送進胃裡，隨即踏上前往下一家店的旅程。此刻的我們，冒險等級還停留在LV1。

旅程才剛剛開始。

飯糰、天婦羅、關東煮是烏龍麵的出色搭檔

「接下來去哪裡？」

「池上製麵所怎麼樣？」

「好想見瑠美婆婆啊！」

手裡緊握著攻略本，我們滿懷期待，邁向下一家烏龍麵店。這場以讚岐烏龍麵為目標的冒險，就像一場充滿未知與驚喜的遊戲，我們正興奮地翻開新的篇章。

之後的一整天，我們接連挑戰了烏龍湯麵、天婦羅烏龍麵、烏龍乾麵、竹網烏龍麵、蛋拌烏龍麵，然後又是烏龍湯麵、烏龍乾麵……當我們吃下十碗烏龍麵後，同行的一位死黨忽然低聲感嘆：「總歸來說，還是取決於配菜啊！」

傍晚六點過後，肚子早已飽到不行，連再吃一口烏龍麵的餘力都沒有。然而，那一句話卻讓我們心中升起一種無法形容的共鳴感。

確實，每家店的烏龍麵與高湯都無可挑剔，甚至令人感動到想鼓掌，但更不可忽視的是，各店在配菜上的出色表現，讓整體滿足度大幅提升了好幾個層次。

我們三個人最喜歡的，是飯糰、天婦羅，還有那簡單卻溫暖的關東煮。

每一樣都好吃到讓人忍不住再多加一份，而那些配菜的存在，彷彿是這場烏龍麵冒險中隱藏的寶藏，為這趟旅程增添更多樂趣與記憶。

飯糰的米粒帶著恰到好處的濕潤感，入口時在舌尖輕輕散開，淡淡的鹹味隨之擴散。外層包裹的烤海苔，與烏龍麵的高湯一同品嚐時，每一次咀嚼都將海洋的香氣送入鼻間。內餡則是簡單的梅乾、鮭魚或明太子，正因其內斂的鮮味，成為連結高湯與烏龍麵的最佳配角。

天婦羅的魅力，從筷子輕觸時那清脆的聲響便已展開。為了更好地吸收湯汁，麵衣炸得略微偏硬，卻仍保持酥脆口感。當它浸入高湯，外層的麵衣開始微微軟化，濃郁的湯汁與天婦羅的油香完美結合，在口中展開一場小型的饗宴。

而關東煮，白蘿蔔絕對是當之無愧的主角。讚岐烏龍麵的高湯既然如此美味，用來煮關東煮自然更是錦上添花。慢火熬煮的高湯滲透進白蘿蔔的每一層紋理，入口時熱騰騰的湯汁迸發而出，那瞬間的溫暖感覺，讓胃像浸泡在溫泉裡一樣，充滿療癒感。

每一樣都擁有主角級的美味。每次品嚐我們都不禁感慨，「配菜」這個詞未免太過輕率，幾乎有些對不起它們的卓越風味。

然而，僅僅是旅行的一天內吃下十碗烏龍麵，對於想深入比較麵條與高湯的細微差異來說，讚岐烏龍麵的世界實在過於深奧。而且坦白說，味道之間的差別並不如我們想像中那麼顯著。

更重要的是，我們才剛滿二十歲，怎麼可能真正理解其中的精髓呢？我們最終得出的結論是——飯糰和天婦羅好吃的店，烏龍麵通常也不會讓人失望。

「果然，比起烏龍麵，還是配菜更重要啊！」我們三個人幾乎異口同聲說出這句話，然後帶著滿足的微笑，結束了香川之行，踏上歸途。

返程的路上，那個連駕照都沒有的笨蛋忽然冒出一句：「去吃德島拉麵吧！」

我一開始聽到這話，真的愣住了——都已經吃了十碗烏龍麵，還能吃拉麵？即便如此，帶著半信半疑的心情，我們還是踏進了一家拉麵店。結果，第一口麵條滑入口中的瞬間，我們全都震驚得瞪大了眼睛。

甜鹹交織的湯頭，迅速滲透進已經疲倦的胃袋，溫暖而療癒。「這也太厲害了吧！」有人低聲感嘆，其他人默默點頭附和，無需多言。

那猶如壽喜燒般濃厚的湯底、生蛋的滑順細膩，再加上肉的鮮甜香氣，三者在舌尖完美交融。這碗拉麵輕易化解了我們對於「背叛讚岐烏龍麵」的罪惡感。

「今天的冠軍，非這碗拉麵莫屬。」我們毫無異議地一致通過。事實上，我們對讚岐烏龍麵的理解顯然是遠遠不夠地，當時的等級不足以觸及其真正的精髓。

瀨戶內海的微風，輕拂著我們駐足過的街道，那十碗烏龍麵，憑藉質樸的滋味，一次次觸動著我們的心。自那之後，每隔半年，我們便會駕車前往香川。每一次旅程，都讓我們對讚岐烏龍麵的深奧多了一分感悟。

直到現在，每當我再次品嚐讚岐烏龍麵，腦海裡便會浮現當年的那台Pajero Mini，以及那段無憂無慮的青春旅程。而我也知道，或許下一次的結論依然不會改變：

果然，還是配菜最重要啊！

池上製麺所

KAZU KITCHEN

おいしい料理

KAZU KITCHEN

home made 烏龍麵

分量 1～2人

材料

烏龍麵……2人份

高湯材料

水……1公升

昆布……10公克

柴魚片……20公克

烏龍湯頭

高湯……600毫升

釀造醬油……2大匙

味醂……1大匙

砂糖……1茶匙

鹽巴……1～2撮

作法

1 首先製作昆布柴魚高湯，取1公升清水與10公克昆布一起浸泡20～30分鐘，接著倒入鍋中煮開。當鍋中出現咕嚕咕嚕水面有點冒泡時關火（最好在攝氏80度左右熄火，若讓水沸騰會有腥臭味，要特別注意）。

2 取出昆布後再開火，並在沸騰前關火（約攝氏90度），放入20公克的柴魚，浸泡2分鐘。

3 2分鐘過後，用廚房紙巾過濾出高湯就完成。

4 將剛剛熬出的湯底600毫升和湯頭材料全部放入鍋中煮沸。試一下味道，依個人喜好加入鹽巴調味。（如果用醬油調味的話，注意顏色會越來越黑。）

5 將烏龍麵煮熟。

6 最後將湯頭與麵盛入碗中，加入青蔥絲裝飾即可上桌。

TIPS

醬油可以用普通的釀造醬油。如果使用台灣的味醂，則不需要額外添加砂糖。

在蕎麥麵的黑湯裡品味東京

每次來到東京，
我一定要吃一碗蕎麥麵。
這才是我體驗東京風味的方式。

成為大人究竟是什麼呢？
比如說，能開始接受芥末的滋味。
比如說，懂了飲酒的醍醐味。
比如說，終於可以吃下青椒。
又或者，能夠一個人走進燒肉店不再害羞。
或許，能搭上新幹線，獨自前往東京，才算是真正長大吧！

在深夜顛簸的夜行巴士上，二十五歲的我苦苦思索著，什麼才是「大人」呢？

看演唱會、參加聚會、與朋友見面，或者僅僅為了購物出門，我總是頻繁地往返東京，頻率多到朋友們都忍不住笑問：「你真的住在大阪嗎？」

初次來到東京時，意識到自己是個鄉下人，我忍不住笑了出來。

「置身於大都市」——僅僅是這樣的事實，就讓我有些腳步輕飄，所見的一切都格外新鮮。雖說大阪也算繁華，但規模畢竟無法相比。

望著如雨後春筍般林立的高樓，我不禁感嘆：「又來到東京了啊！」這份難以言喻的心情湧上心頭。為了平復這樣的情緒，我總是會去一家熟悉的蕎麥麵店。

清晨，吸入清新的空氣，獨自沐浴晨光走在街道上，一步一步朝著那家蕎麥麵店前行。

無論清晨、中午還是深夜抵達東京，我的第一餐總是選擇「蕎麥麵」。這個習慣已經持續十年以上，成為我的一條不變規矩。

「大阪不是也有蕎麥麵嗎？」

「京都的蕎麥麵也很有名啊！」

的確，蕎麥麵在日本各地都吃得到，然而關西與東京的蕎麥麵最大的不同，就在於麵湯。關西的湯清澈透明，關東的湯則是「黑色」的。濃口醬油染出的黑湯，是東京獨有的風味。

那黑湯，就像黎明前籠罩著城市的陰影。看起來冰冷沉靜，卻在入口的一瞬間，讓人感到意外的溫暖與安心。柴魚高湯的香氣與濃口醬油的醇厚，交織而成的「黑色」，帶有一種讓人懷念的都市風情。對我來說，這就是「東京的味道」。

關西的湯則透明見底，鹹味比東京淡薄，強調的是高湯的香氣，讓人感受到一種日本特有的優雅美感。那湯清澈得像是要襯托出麵條的精緻。奇妙的是，若是吃烏龍麵，我總覺得關西的湯最為美味；但唯獨蕎麥麵，非得東京的黑湯不可，否則總覺得缺了些什麼。

我甚至曾經專門訂購「日清どん兵衛」的關東版即食蕎麥麵，囤放在家，可見我對那黑湯的偏執。連即食麵的烏龍麵湯頭或蕎麥麵湯頭，也因關東、關西而異，真是有趣極了。透明的湯搭配淡灰色的蕎麥麵條，總讓我覺得格格不入，有這種想法的人應該不僅僅只有我吧！

因此，每次來到東京，我一定要吃一碗蕎麥麵。這才是我體驗東京風味的方式。

十年來不變的選擇

十幾年來，我總是去同一家店。

在瀰漫著昭和餘韻的新宿思い出橫丁，穿過狹窄的巷道，就能看到一家立食蕎麥麵店，擠滿了上班族和觀光客。那就是我心心念念的麵店──かめや。

每次踏進「かめや」，總會有種「回到東京了」的踏實感。這裡的天玉蕎麥，是我心目中世界上最好吃的蕎麥麵。

那位面無表情的大叔店員，忙碌地煮著蕎麥、炸著天婦羅，應接不暇地處理著上班族一波接一波的點單。那熟練的身影，流暢得如同滑過喉嚨的麵條般行雲流水，顯得格外帥氣。而店裡彷彿說著「你回來了啊？」的氛圍，讓我感到一種難以言喻的安心。

第一次來到這裡時，我也是混在上班族之中，點了一碗天玉蕎麥。點單後不到三分鐘，面前就出現了熱騰騰的蕎麥麵，比泡即食麵還要快。

那時，我看著默默煮麵的大叔背影，感到一種孤高的氣質，那份專注和沉默，似乎象徵著東京這座城市靜謐的一面。客人默默進來，默默離去，那份乾脆俐落的態度，帶著濃濃的江戶風骨。

這其實是一家連鎖店，在新宿思い出橫丁之外也有許多分店。因此這位看似有職人風範的大叔，或許是正職員工，也可能只是打工的。我走訪過各地的「かめや」，覺得還是新宿思い出橫丁這家最好吃。所以，每次來東京，我一定要來這裡報到。

首次造訪這家店，已是十多年前的事了。那是我第一次嘗試立食蕎麥麵。沒有門的店面，敞開在街道上，座位全被上班族坐滿，即使騰出空位也不會有人引導。不習慣跟陌生人打交道的我，鼓起勇氣坐進空位，混在上班族中點餐。

店裡的大叔店員甚至不會主動詢問客人需求。有人說「東京是冷漠的城市」，而我在這裡初次感受到那股東京式的冷淡。

我鼓起勇氣對忙著煮麵的大叔說了聲「天玉蕎麥」，他只是默默繼續工作，沒有回應。雖然有些寂寞和不安，但不到三分鐘，厚實的炸天婦羅和半熟雞蛋鋪在蕎麥麵上，便端到我的面前。

當我第一次品嚐那東京特有的黑湯蕎麥麵時，有一種彷彿被東京接受的感覺，甚至覺得自己向「大人」邁進了一步。帶著那些回憶，我又一次次點了同樣的天玉蕎麥。稍微泛白、厚實的炸物裡，混著洋蔥、胡蘿蔔、春菊，半熟雞蛋搭配著黑色湯頭，還有那滑溜有勁的蕎麥麵。這樣的組合，對我來說是世上最美味的。

炸物的第一口是酥脆的，伴隨著一口湯，它在口中融化般地滑過喉嚨。而當它完全浸入湯裡，逐漸化開、崩散，就成了碎碎的口感。將四散開來的炸物、溫潤的半熟蛋黃和蕎麥麵一同攪拌著吃，美味達到最極致。濃郁的湯汁與炸物的外皮一同飲下，飽足感充滿整個胃。

狀態好的時候，我還會加點上兩片炸物，往往早餐吃下這一頓，到了中午依然覺得飽足。但即便如此，隔天清晨天一亮，還是忍不住想再來一碗，這正是這家蕎麥麵的魔力。

飽餐一碗蕎麥麵後，有人奔向工作，有人去購物，而我則習慣仰望在陽光下閃閃發光的大樓，愣愣地思索「今天該做些什麼好呢」？十多年來，這也是我不變的習慣。

現在你問我：成為大人究竟是什麼？
比如說，混在上班族之中；
比如說，愛上蕎麥麵；
成為這樣的「大人」也不錯呢！
對吧？

TASTY NOTE

關東和關西的蕎麥麵味道天差地遠，我特別鍾愛的是下面這兩家：

◆かめや 新宿店

來到「かめや」，一定要點一碗天玉蕎麥。濃口醬油做底的湯頭，將雪白的天婦羅緩緩泡開，香氣瞬間瀰漫。雖然是連鎖店，卻唯獨這間門市好吃得不合常理。店裡保留了昭和味十足的立食氣氛，踏進去恍如時光倒流。從二十歲算起，將近二十年，每回搭夜行巴士抵達東京，我的第一站永遠是這家蕎麥屋。

◆そば處 とき

坐落大阪北新地的蕎麥名店。先來一份ざる蕎麥，感受撲鼻的蕎麥清香；吃完後務必豪爽喊一聲：「來壺濃蕎麥湯！」如此稠厚的蕎麥湯可遇不可求，把滿載蕎麥甘醇的煮麵水與湯頭對半調和——稠得像濃湯般滑順。每個蕎麥控都會不自覺地「喔哦……」驚呼，想立刻續壺。

おいしい料理

自製店家級蕎麥麵湯頭

分量1～2人

材料

蕎麥麵……1～2人份
水……400毫升
柴魚片……20公克

調味料

醬油……25毫升
味醂……1茶匙

作法

1 將400毫升水和20公克柴魚片放入鍋中。
2 以中火煮約5分鐘，直到水面微微沸騰。
3 用濾網將柴魚片過篩出來，緊緊擠壓，濾出高湯。
4 最後將調味料加入濾出的高湯中，充分攪拌後，加入煮好的蕎麥麵即可完成。

TIPS

過濾高湯時，為了盡可能萃取出更多精華，扎實地擠壓出柴魚片中的所有湯汁非常重要。

小豆島鹽飯糰

我咬了一口白飯糰，
每次咀嚼都能感受到濃郁的甘甜，
不僅僅是米飯本身的甜味，
小豆島天然海鹽的鹹中回甘，
也在其中起了推波助瀾的作用。

深夜一點，我搭上了從神戶港出發前往小豆島坂手港的渡輪，經過六個半小時的航程，終於在早上七點半抵達小豆島。

陽光燦爛地灑在身上，我眺望著寧靜的田園風光。風聲、鳥鳴聲，偶爾還有輕型卡車駛過的聲音在耳邊迴響。中午過後，太陽正懸在我的頭頂。

「好熱。」不禁自言自語了一句，畢竟有四個鐘頭沒有與人交談或遇見任何人了。

「肚子餓了。」我突然想起，昨晚九點吃過晚飯後，再也沒有進食。平時不吃早餐的習慣，加上這裡比預想中更稀少的餐廳，我在踏上小豆島之後餓得難受。雖然在渡輪的商店裡可以買到吃的東西，但因為我想品嚐小豆島的鄉土料理，所以一直忍著。

沒想到由於過度執著追求理想餐廳，導致自己陷入飢餓的痛苦中。環顧四周，這裡有一些店，也有便利商店，但就是找不到想吃的東西。

想吃點什麼，但總找不到滿意的。這個不對，那個也不對。素麵也不想吃，烏龍麵也不是，麵包也不行。便利商店就更不用說了。

我現在可是獨自旅行啊！我想吃的是小豆島的特色美食！

睡眠不足的大腦無法正常運轉，只是不斷與內心的任性自我對話。步行約五個小時後，飢餓終於逼近極限。

「迷路了嗎？」我向路過的貓咪打了聲招呼，卻感覺牠回應我：「迷路？是你吧！」

心情變得更加低落。當時我還沒有 **iPhone**，也沒有地圖，只是一路走著，一邊眺望田野。

小豆島各處的常設展，展示著現代藝術作品，也是此次旅程的目的之一。然而，僅憑這樣模糊的信息，我就開始沿著山路步行。

是的，我在陌生的城市、陌生的山路上迷路了。

幸運的是，我沿著國道行走，所以還能坐巴士回去，但我卻沉醉於那三百六十度被綠色環繞的絕美景色中。被小山環抱著，俯瞰「中山千枚田」，層層疊疊的梯田，稻穗隨風搖曳，就像在小豆島海岸邊看到的波浪，靜靜地來回，緩慢地刻畫著時間的流逝。這自然創造出的藝術景觀，美得讓人心醉。

梯田裡的稻穗即將成熟，我看到台灣藝術家王文志的「小豆島之家」出現在梯田中央。這個由竹子搭建的大型作品，遠遠看去像一頭大象，近看卻充滿溫暖和柔情。遊客可以進到作品裡面，坐或躺在竹子上，讓人感覺自己成了小豆島的風、樹木以及中山千枚田梯田的一部分，心靈因此得到了安寧。

竹子的清香、稻穗成熟的暖香，無一不讓人感到舒適。靜謐的風聲、草木搖曳的聲音，還有腹中的飢餓聲一同傳入耳中。

「肚子餓了！」這是今天不知道第幾次嘆息，或許因為身在這個美麗作品中的安心感，讓我不自覺說出了口。

「餓肚子無法打仗」這句戰國時代武將北條氏綱的話，在我腦海中閃現，不，應該說已經閃現了數十次。現在的情況更像因為餓過頭了，正在為尋找食物而戰鬥。或許我是為了在小豆島吃午飯才過來的吧。看藝術作品是填不飽肚子的，雖然心靈得到滿足，但竹子再美也無法解決飢餓。

「現在我需要食物！」

梯田裡種滿了稻子，我卻連一個飯糰都找不到。淚水莫名流下，但這是被藝術作品感動所致，絕不是因為飢餓。

「好想吃飯啊！」用力這麼一喊，回聲從對面的山谷傳來「飯！」讓我更加感到空虛。

離開藝術作品後，我慢慢沿著梯田往上走。近乎六個小時被太陽照射著，持續看著綠意盎然的景色，眼睛的疲勞減輕了，身體的疲勞卻開始臨近極限。或許，去便利商店買些東西吃也不錯，但查了一下最近的便利商店，步行需要一個小時。正當我陷入絕望之際，眼前出現了一家食堂。

這家食堂名叫「こまめ食堂」（KOMAME 食堂）。乍看之下像是一間古民家，實際上這是一棟昭和初期的碾米廠所改建的建築。古建築給人帶來一種回到奶奶家的安心感，深深吸引著我。

下午一點，我邁步進入店內，立刻感受到木造建築特有的舒適氛圍。木頭的香氣、略顯陳舊的棕色木材、窗外可見的田野與山林綠意，以及其他顧客正享用的素麵，閃耀著白色光芒，這一切都喚起深植於日本人 DNA 中的懷舊與安心感。

懷著期待，我朝店員微笑。

「賣完了。」一名頭上綁著手巾的店員，帶著歉意告訴我這個噩耗。

「還有什麼可以吃的嗎？」我帶著最後一絲期盼問道。如果在這裡吃不到東西，我就得走一個小時去便利商店了。

看著我滿臉失落的表情，店員與其他員工商量後，溫柔地告訴我：「如果是飯糰的話，還有的。」

能吃到剛才在梯田上看到的米做成的飯糰，真是天大的好機會。我馬上從錢包裡掏出一張一千日圓，說：「我要飯糰！」

坐下大約十分鐘後，飯糰被端了上來。

「讓您久等了。」

兩個小巧的鹽飯糰，一張海苔，和幾道小菜。雖然看起來並不豪華，但對日本人來說，這是一頓再美味不過的饗宴。

飯糰是用小豆島梯田裡精心栽培的稻米，並用被選為名水百選之一的梯田上游湧水煮成白飯，加上小豆島海水製成的鹽一起捏製而成，正是我渴望已久的「小豆島食物」。

在窗外綠色梯田背景的映襯下，我咬了一口白飯糰，每次咀嚼都能感受到濃郁的甘甜，不僅僅是米飯本身的甜味，小豆島天然海鹽的鹹中回甘，也在其中起了推波助瀾的作用。米飯甜香混合著老木頭建築物散發的懷舊氣息，和梯田帶來的清新綠意，同時滿足了我的心靈和胃口。

盤邊配菜都用小豆島在地蔬菜製成，新鮮又美味，但最令我感動的，還是鹽飯糰的美妙滋味。我一邊細細品味，一邊將梯田景致深深印入腦海。小豆島之家在陽光與美景的共同烘托下融為一體。我雖然不懂深奧的藝術，但這樣天人合一的作品恐怕是獨一無二的。

我繼續享受著飯糰，感覺這是我一生中最感動的一次美食經歷。也許是因為極度飢餓、孤獨旅行的情境所致，還有接觸到美好藝術作品後的興奮，但更重要的是，小豆島上好的稻米和水質，為我帶來巨大的感動。

兩個飯糰對當時二十多歲的我來說，想要填飽肚子稍顯不足，但心靈上的滿足感卻前所未有。一粒米也不剩地吃完飯糰後，我離開了食堂。雖然太陽稍微傾斜，但陽光依舊燦爛。

藍天、綠色梯田、白飯糰以及小豆島之家，我希望有一天再度登島的時候，能對這片景色說「我回來了」。

懷著這樣依依不捨的心情，我乘坐巴士踏上歸途。

こまめ食堂

おいしい料理

單純滋味鹽飯糰

分量1～2人

材料

白米……2杯

水……2杯

昆布……3～5公分

鹽巴……少許

作法

1 將白米放入飲用水中輕輕淘洗（將手掌虎口微彎，在水中以畫圈方式輕輕的洗米，注意第一次的用水務必用淨水器過濾水或飲用水）。

2 以相同步驟淘洗3次。洗好的米瀝乾水分放入鍋中，加入相同分量的水。

3 用廚房紙巾沾水輕輕擦拭昆布表面的灰塵後，加入鍋中。

4 鍋中加入鹽巴。

5 將電鍋設定為煮飯。等飯煮好後取出昆布丟棄，翻勻米飯燜30秒。

6 將飯捏成喜歡的形狀就可以享用了。

7 鹽飯糰單吃就十分美味，也可以嘗試搭配小菜一同享用。推薦你試試這單純的美好滋味。

療癒情傷的北海道魷魚

「這麼柔軟、甜美的魷魚，大阪絕對吃不到！」他堅定地說。，言談間透露出他在這趟旅程中，第一次感受到的真正悸動。

「你去把妹吧！」當我滿二十歲的時候，當時的女友如此對我說道。這大概是我人生中第一次，也是最後一次，得到女友允許去搭訕別的女生。

事情的開端是這樣的。從小學就認識的O君，在經歷兩次女友的劈腿後，最終失戀了。每次被劈腿時，他都陷入深深的低潮，我和女友也都看在眼裡。即使如此，看著這對原本相愛又相配的戀人，最終還是分手了，我們都感到無比難過。

於是，我們決定來一趟療癒心靈的旅行，想辦法安慰O君。我們還邀了關係很好的N君，準備一起展開這場遠途之旅。

當我把這個計畫告訴當時的女友，她竟然說：「去海邊把那些穿泳裝的辣妹搞定吧！來場一夜情，或者找個好女友回來！」

順帶一提，我們的目的地是北海道的札幌。海邊能看到的，恐怕只有健壯的漁夫，而我們唯一能捕獲的，大概只有新鮮的海鮮罷了。

就這樣，為了讓O君忘掉失戀的痛苦，也為了嚐嚐美味的海鮮，我們從大阪國際機場搭乘飛機，飛向北海道的新千歲機場。

五千日圓換來的歡樂街資訊

北海道的夏天陽光炙熱，與此形成對比的，卻是涼爽的風與陰影中的清涼。這樣的反差，給人留下深刻的印象。

當時我住在大阪，晴朗的藍天並不罕見，但那無盡延展至地平線的綠地，與北海道這片遼闊大地形成的鮮明對比，讓人產生一種身處異國的錯覺。

「先去小樽吧，吃點壽司如何？」傷心的O君提議道。

我們自然為了撫慰他的心靈，一致決定前往小樽。從新千歲機場搭乘電車前往札幌，再轉車抵達小樽車站。中途我們還在酒店辦理了入住手續，因此直到傍晚四點半，一夥人才終於抵達小樽。

「晚餐吃一頓美味的壽司應該不錯吧！」我們一邊聊著，一邊朝著小樽運河邁步走去。

大正十二年落成的小樽運河風景，透著一種讓人忘卻時間的懷舊氛圍。紅磚建築倒映在水面上，過去與現在彷彿在這片靜謐中融合，我們立刻被眼前這片美景吸引。遙遠處傳來觀光客的笑聲，又在舒適的微風中漸漸消散，耳邊只剩下運河的水聲。這裡的靜謐，與大阪或京都的懷舊情懷截然不同，流淌著一股異國氣息。

當我們眺望小樽運河時，一位拉著人力車的男子出現了。

「小哥們！要不要搭人力車遊覽一下？」

三個大男人坐人力車，這景象會和小樽運河的街道相稱嗎？更重要的是，坐完人力車後，壽司店不會關門了吧？

人力車夫拍胸脯：「我會確保你們趕得上壽司店！」那位男子露出比夏日北海道的藍天還要明亮的笑容，打消了我們的顧慮。

「那我來付錢，坐吧！」傷心的O君提議道。

我們自然是為了撫慰他的心靈，決定坐上人力車。結果，這趟人力車的乘坐感受比我們想像中還要舒服。運河的美景、撫過臉頰的微風，遠方的海潮氣息與遊客的笑聲，都讓我們感到無比愉快。

那位拉車小哥或許會為我們介紹一些小樽運河的歷史吧！畢竟我們可是付了五千日圓呢！我們希望聽到運河的故事、小樽的名店、好吃的壽司店，或者是北海道的隱藏景點。畢竟，這裡有傷心的O君，他付了五千日圓的車資，提供這些情報不過分吧！

「你們去過薄野嗎？」小哥爽朗地問道。

薄野的名店嗎？我們期待著，然而他接下來的話，卻出乎我們的意料。

「薄野可是北海道最大的歡樂街呢！想去玩女人的話，那裡是最棒的！我推薦的店呢……」

確實，我是得到了女友「去搭訕」的許可，但她也明確警告過「可不是讓你去風化區玩的！」更何況我們來小樽，是為了吃壽司的啊！

傷心的O君已經不再說話，臉上掛著一種可有可無的表情。他的表情透露出難以言喻的失望，彷彿被背叛的記憶再次湧上心頭，連笑都懶得笑了。

「沒想到連在這裡都會被辜負。」他的無聲表情好像這樣說著。運河的水面，恐怕也沉靜無波了吧。

「我推薦的店啊……」在持續了一個小時的風化區介紹後，我們終於解脫了。至於我們渴望得到的壽司店資訊，小哥則簡單一句：「哪裡吃都很好吃啦！」

五千日圓換來的資訊，簡直毫無價值可言。不過，我們對薄野的店倒是意外地熟悉了起來。

「五千日圓真是白花了。」O君一臉疲憊與失望交織，喃喃地說道。他的心已經被兩次背叛傷得千瘡百孔，如今又因這無謂的消費雪上加霜。我們原本期待藉著這趟北海道之旅，稍微撫慰一下O君的心，然而這份期待，卻隨著人力車小哥輕快的笑容，一同消散在天空中。

「還是去吃壽司吧！」N君打破混亂的氣氛，對我們說道。抬頭一看，時間已經超過五點半了。

到了五點半，主要的紀念品店和商店紛紛關門，我們心中充滿了「為什麼要坐那台人力車」的悔恨。然而，我們從早上到現在什麼都沒吃，當務之急是填飽肚子。可問題是，沒有一家壽司店還開著。我們現在唯一知道的資訊，只有那些關於薄野的風俗店。至於這個時間還開著的壽司店，我們一無所知。

無奈之下，我們只好挨家挨戶查看壽司店菜單，因此發現，每一家店的價格對於二十歲的我們來說，都是難以負擔的。足足找了半個小時，才終於找到一家提供二千日圓海鮮丼的壽司店。

對我們來說，二千日圓已經是一筆不小的金額了，但我們別無選擇。

送上來的是一碗小小的海鮮丼和一碗味噌湯。鮮紅的魚子像寶石一樣閃閃發光，刺身也帶著誘人的光澤——它們的外觀美得讓我們充滿期待。然而，當我發現下面鋪著的不是醋飯，而是普通的白飯時，我們的期待悄然瓦解。

「如果是醋飯就更好了」這個念頭在我腦中一閃而過，心裡感到些許失落。也許是因為疲憊，或者是對人力車小哥的煩躁，沒有人對這頓飯發表任何評論，連海鮮丼的味道也無暇品嚐了。

那一天，傷心的O君，終究無法被美食撫慰。

O君的魷魚驚艷

隔天早上六點，我們拖著依然沉重的身體，揉著睡眼，來到了二條市場。從西1丁目到東2丁目，各種鮮魚店、蔬果店、精肉店以及北海道的名產和珍味商店林立，熱鬧的聲音勝過鬧鐘，店主和觀光客們的喧囂，使市場充滿生氣。

雖然其實我們都還想多睡一會兒，但傷心的O君提議說：「去二條市場吃海鮮吧！」為了撫慰他的心靈，我們自然也隨之來到了這裡。

我們並不清楚這些價格，是旅遊景點的標準，還是本來就這麼貴。以二十歲的年紀來說，所有的餐點看起來都不便宜。因為分不清店家好壞，我們最後選了一家還有空位的海鮮丼店。點了一碗有鮪魚、鮭魚和鮭魚卵的海鮮丼，這裡比昨天便宜些，最重要的是，我們可以選擇醋飯。O君還額外點了魷魚刺身。

今天的海鮮丼明顯比昨天好吃多了，鮪魚和鮭魚的光澤閃耀著，脂肪豐厚的口感，讓人印象深刻。鮭魚卵的顆粒在口中爆裂，像透明的寶石一樣誘人。但最讓我感動的，是那帶著微甜的醋飯，果然，刺身的最佳搭配就是醋飯。醬油和芥末的香味滲透其中，讓每一口飯都美味無比，感覺光吃白飯就可以吃得很開心。

儘管如此，我們三個男人並無太多興奮，而是默默低頭吃著飯。因為即便是醋飯的糖分，也無法讓我們真正清醒，哪怕吃著這麼美味的食物，腦中的唯一想法卻是「好想回去睡覺」。至於O君點的魷魚，雖然好吃，但除了「這是魷魚」外，我實在想不出更多感想。

「喂！」正當我們安靜地吃著海鮮丼時，O君突然大聲喊了起來。

因為我們只是安靜地吃飯，我完全不明白他為什麼突然生氣。O君和我們一樣在專心對付眼前的丼飯，突然的怒火來得毫無預兆。N君甚至連看都沒看O君一眼，仍然一副昏昏欲睡的樣子，繼續吃著他的海鮮丼和魷魚。

「為什麼你們吃了這麼好吃的魷魚卻沒有感動！」O君突然大聲抗議，

他的眼神無比認真，表情中充滿著某種難以言喻的強烈情感。

那潔白如婚紗般透亮的魷魚，似乎深深打動了他的心。「這麼柔軟、甜美的魷魚，大阪絕對吃不到！」他堅定地說。言談間透露出他在這趟旅程中，第一次感受到的真正悸動。

看著他，我們只得回頭再細細品味那隻魷魚。

仔細想來，這魷魚的確相當柔軟。雖然有彈性，卻仍然可以用筷子輕鬆切開，咀嚼之間，魷魚的鮮味和微甜的後韻漸漸散開，確實美味無比。然而，對我來說，魷魚就是魷魚。我本來就不太喜歡魷魚，沒有感動到想要發表什麼驚人之語。

「你們居然不為這柔軟的魷魚感動！」傷心的O君抗議道。

我們為了撫慰他的心靈，只好跟著附和：「真的很好吃呢！」「嗯，沒錯！」

隨意地表達了一些贊許，並把剩下的魷魚遞給O君。他的眼中充滿光彩，凝視著那盤魷魚，彷彿見證了奇蹟。然而，對我和N君來說，這只不過是日常的一頓早餐罷了。

等到睡意退去後，傷心的O君因為吃到了美味的魷魚，心情顯然好多了，接下來的北海道之旅也過得頗為愉快。雖然旅途中我們並沒有遇到任何女性，

但那份讓他感動的魷魚多少撫平了他內心的傷痕。不過，奇怪的是，自那天以後的將近二十年裡，我再也沒看過O君吃過魷魚。

那天白得發亮的魷魚，彷彿象徵著他失去的某些東西。那柔軟的口感與微甜的滋味，或許正是他一直在追尋的。然而，這道魷魚究竟在多大程度上治癒了他內心的痛楚，我無法確定。唯一可以說的是，或許他在這趟旅行中真正尋找的東西，其實是在更遙遠、更難以觸及的地方吧！

不過，這也只是我的猜測罷了。

TASTY NOTE

日本跟台灣一樣，都是被海包圍的島國。可是就連我們日本人都認為——北海道的海鮮特別讚，魷魚不用說，螃蟹、干貝、鮭魚、昆布，樣樣都新鮮到爆。

所以嘛，壽司怎麼可能不好吃？尤其是迴轉壽司，水準高得離譜！「トリトン」「花まる」「なごやか亭」這三家，去北海道一定要排進行程。保證你一邊吃一邊驚呼：「這價錢也太佛心了吧！」

現在無菜單料理很流行，但是帶著小孩走進去總覺得有點壓力；相較之下，迴轉壽司完全沒煩惱，身旁全是拖著小朋友的爸媽。旅途中如果有人提議吃迴轉壽司，你別嫌棄，就當被我騙去一次，保證吃完絕對心服口服。

只要有海苔，什麼都無所謂

或許田中先生就像海苔便當裡的那片海苔。
雖然有時候會成為阻礙，
但少了它，整個便當又缺少靈魂。

「我下個禮拜要去大阪！有沒有推薦的日本美食？最好是那種只有日本人才知道的、特別的；有中文菜單更好。謝謝！」

身為台灣的網紅，這幾乎成為我日常生活中最常被問到的問題。大家似乎覺得我是一本會走路的日本美食指南，比 ChatGPT 或 Siri 更高效，彷彿搭載了頂級 AI。

「嘿，KAZU，仙台的牛舌哪裡最好吃？」手機螢幕上忽地傳來這麼一個問句。

我總是老實地回一句：「不知道。」因為我真的沒有去過仙台。然而，在大家心中，我似乎成了那個能掌握一切的美食偵探，日本各個角落、連 Google 地圖都找不到的在地小店，問 KAZU 就對了。這份期待對我來說，未免太沉重了。

為了放下這個無形重擔，我選擇誠實以對：「不知道。」

「好吧……」Instagram 私訊欄裡的回應空洞又無力地迴盪著。心中隱隱有個地方，像被挖了一個洞，不禁懷疑自己是不是讓對方失望了。那種感覺，就像是被朋友硬拉到海邊，最後卻被丟下，一個人面對海浪無助地待著，充滿莫名的空虛。

每當這樣的訊息傳來，心裡就會有些許落寞。於是，便會浮起「在朝陽升起前回去吧！」的念頭。回到日本的我，會吃些什麼呢？老實說，我的日常飲食簡單到不能再簡單。

吉野家、連鎖拉麵店、CoCo 壱番屋、YAYOI 彌生軒、便利商店、還有便當店。特別是便當店和超商便當，吃的次數多得嚇人。問題是，那些便當一點也不適合拍照，更抓不住台灣人的胃口。

這也難怪，內容不過是滿滿白飯上豪邁地堆著幾塊炸雞——看起來就像是國中男生最愛的便當。有時候，是德式香腸和白飯的組合；有時候，是可樂餅配白飯。此外，炒麵、炒飯、餃子三兄弟的組合，也讓人感到滿足。

然而，這樣的餐點，對於遠從台灣搭飛機來到日本的人來說，實在過於質樸。

更何況，一個將近四十歲的男人，整天吃這種便當，光想都讓人覺得不健康，又讓人擔心。

就算我真心推薦這些便當，也只會換來一句「好吧……」的回應。然後，彼此就像望著大海陷入虛無的沉默兩端。時間久了，我的追蹤者們，大概連去海邊的念頭都會打消了吧！

我並不期待你們的理解，也不追求你們的認同。但我吃飯，不是為了迎合社群網站的點閱率，只是單純地想吃這種簡單的便當罷了。況且在這些便當中，有一款是台灣無法品嚐到的，那就是——海苔便當。

光看名字，你或許會問：「主角是海苔嗎？」

畢竟在此之前，我介紹的那些便當，從炸雞配白飯、德式香腸配白飯到可樂餅配白飯，全都是單純攝取熱量的組合。相比之下，海苔便當或許會讓人聯想到飯糰的變形版？但這並不是一個單純把海苔鋪在便當盒上的便當。

它的真實樣貌如下：一層熱騰騰的白飯，上面灑滿柴魚片，再蓋上一大片海苔。這是最基本的配置。有時候，海苔下方還會悄悄藏著一層明太子。

至於海苔的上方或旁邊，通常會搭配一些炸物，比如白身魚排、炸雞塊、可樂餅，甚至是義大利麵。

由於海苔往往敵不過白飯的濕氣，短短幾口就變得濕軟，無法再維持脆口形象。因此更常見的是，那些主菜級的炸物，像白身魚排或可樂餅，會直接壓在海苔上。

這樣一來，便會讓人忍不住質疑：「海苔便當這個名字，真的合理嗎？」因為作為主角的海苔存在感，未免太薄弱了。把整個便當的名號，都寄託在一片單薄的海苔上，彷彿讓它背負過於沉重的期待。

海苔是讓人又愛又煩，卻少不了的存在

飯店房間的一隅。

靠窗的小桌上，擺著從便利商店買來的海苔便當，與一瓶寶特瓶裝的麥茶。窗簾的縫隙透著微弱的光，朦朧的城市夜景在眼前慢慢暈染開來。

電視裡，綜藝節目傳來笑聲。冷氣微微作響，我慢慢打開便當的蓋子。蓋在飯上的海苔早已受了潮，緊緊貼著米飯，看起來有些狼狽，卻莫名讓人覺得懷念。

這一刻，總是最讓人興奮的。尤其當海苔便當的主角——那片海苔，幾

乎被塞滿的配菜掩蓋住時，心中不禁暗自竊喜。第一口，我已經決定好，要先品嚐白飯和海苔。

用筷子輕輕挑出海苔和飯，送入口中。海苔的淡淡海味與白飯的香甜本該是主角，但柴魚片與明太子的香氣卻突然竄出，讓味覺瞬間變得熱鬧起來。

然而，我的目光早已被旁邊的炸物吸引過去。白身魚排，金黃輕脆的麵衣下，是清爽柔嫩的魚肉，搭配一口濃郁的塔塔醬，讓人欲罷不能。

沾滿塔塔醬的魚排一口、白飯一口，如此交替著吃，真是人間美味。可是，這時候問題也來了——便當裡那片濕軟的海苔，太大又太難處理，夾起飯的同時，海苔總是不聽使喚地攪局。明明是配角的它，卻像個固執的朋友，擋在筷子與白飯之間。

說到底，海苔是美味的，甚至是海苔便當裡不可或缺的存在。但當它濕漉漉地妨礙進食時，心裡卻又忍不住嘀咕：真是個討人喜歡又有點惹人煩的存在啊！

話說，之前公司裡也有那麼一個人，大家都說「少了他不行」，卻又把他當成麻煩人物——那個人叫田中先生。

像田中先生這樣的人，絕對不能帶去參加重要會議，因為他會成為干擾的存在。但在真正需要的時候，卻又能發揮關鍵作用，交出漂亮成績。面對客戶的問題，作為技術人員的他，總能提出精準建議。

只是，田中先生雖然有著職人的本領，個性卻與一般人印象中的「寡言職人」截然不同——他實在太健談了。

有一天，在某個會議上，他準確指出問題所在，接著獨自喋喋不休提出改善方案，整整說了一小時，彷彿解決了一切似的，最後露出滿足的神情，當場點起一根菸。就在會議進行的途中，在客戶和社長面前，他大大方方地吞雲吐霧起來。

很自然地，這個舉止馬上被雷鳴般的怒吼狠狠訓斥了一頓，速度之快、音量之大，令人震耳欲聾。現在回想起來，或許田中先生就像海苔便當裡的那片海苔。雖然有時候會成為阻礙，但少了它，整個便當又缺少靈魂。

因此，每次在便當店看到海苔便當，我還是會忍不住買下它。並不是因為特別想吃海苔，也不是為了回味田中先生的存在。

說到底，我只是想吃炸雞塊或白身魚排罷了。但內心某個角落卻明白，那些炸物並不是重點。換成可樂餅也好，玉子燒也罷，甚至烤魚都無所謂。可當我看著那片海苔時，總有一種想替它卸下重擔的衝動——海苔便當這個名字所賦予的期待，未免太過沉重了。

或許，就是那張彷彿蓋在白飯上的棉被一般的海苔，讓我忍不住被吸引。

那樣的光景，總是令人莫名心動。到頭來，我並不是為了讓追蹤者滿意而吃飯，也不是因為討厭田中先生。我只是單純地覺得，只要有海苔，什麼都無所謂。

所以，今天我又從台灣飛回日本，點了一份海苔便當。輕輕掀開那片海苔，底下露出朝陽般鮮紅的明太子，正偷偷窺視著我。

原來，在這片濕潤的海苔之下，藏著小小的開啟一天的齒輪。

文學少女與幻之海苔

聽到一本小說大小的二十片海苔要三萬日圓，
我驚訝不已。
對二十一歲的我來說，
確實是買不起的海苔。

大阪梅田藍天大廈的燈光漸漸熄滅，我乘坐著三千日圓的深夜巴士，向夢想之城東京出發。並沒有特別的理由，二十一歲的我單純只是想去「大都會」看看。

東京是高度都市化的城市，以至於人們說：「除了東京，其他地方都是鄉下。」因此，成長在「東京以外」的年輕人，對東京總是充滿憧憬。那時候，網路和SNS還未普及，資訊大多來自電視和雜誌，話題的中心永遠都是東京。

二十一歲的我懷著對大都會「東京」的夢想，忍受著鄰座乘客不斷碰觸我的手肘和腿部，興奮地乘坐深夜巴士來到東京新宿。看到高樓大廈林立，心裡怦然一動，心中雀躍著：「我終於來到大都會了！」

或許有人會說：「大阪已經夠繁華了。」但對於在大阪長大的人來說，「大阪就是鄉下」。在二〇〇九年，大阪與東京的差距顯而易見。

身為一名二十一歲的打工仔，我的預算非常有限。錢包裡只有兩萬日圓，每晚二千日圓的網咖，是我計畫中的住宿地點。我並沒有特別想去的店，只是想感受東京的氣息。早上六點，我吸著東京的空氣，肚子卻提醒我飢餓的現實。

我在麥當勞點了早餐，味道和大阪沒有什麼不同，一邊聽著不熟悉的標準東京語，雖然獨自在陌生的城市探索很有趣，但我更想在熟悉當地的人帶領下走走逛逛。

於是，我上了當時流行的社群軟體「mixi」尋找東京通。不過三十分鐘，就收到一位女士給我回覆：「正好今天一整天有空，可以帶你逛東京。」收訊當時那種安心感和喜悅無法用言語形容。

我趕往約好的吉祥寺車站，心情既緊張又期待。

車站前站著一位戴著眼鏡、像文學少女般的女子。她比我大一歲，來自京都，曾就讀於京都的名門大學文學部，但中途退學了，現在在東京工作。

她說今天恰巧休假，所以可以當我的導遊。她的外貌和氣質都很像文學少女，這讓我既驚訝又感到相當契合，因為我也熱愛文學。

我跟她說想去古書店、古著店和咖啡店，但現在才早上八點多，店家還沒有開門。我們決定先去網咖做些調查功課。在那個沒有智慧手機的年代，查找店鋪資訊主要依賴電腦或雜誌，日本網咖提供電腦和雜誌，是找資料的最佳選擇。

我們在電腦螢幕上打開Yahoo，兩人一起敲打鍵盤。網站告訴我們吉祥寺附近有許多古著店，還有創立於一九七九年的洞窟風格咖啡館「くぐつ草」，高田馬場車站附近則有她推薦的居酒屋。

決定好要去的目標店家後，文學少女問我想找什麼樣的古著。

也許因為我在大阪長大，總是無法抑制想要「搞笑」的衝動，我促狹地說：「我最喜歡女高中生的水手服，非要買一件不可。」現在回想起來，這真是變態的發言，對一個剛在網路上認識的女性說出這種話，現在肯定會遭網友炎上。但她是關西人，我期待她會吐槽我或笑出來。

沒想到她的反應出乎我的預料，因為她說：「我每天工作都穿水手服哦！」她這麼說的瞬間，我的腦海中充滿了驚訝和混亂。

「什麼？每天穿水手服工作？」

「是的。」

「這跟文學系有關嗎？」

「沒有。」

「那麼妳到底從事的是什麼工作？」

「稍等一下。」她說著敲起了鍵盤，並打開一個網站。

電腦螢幕上顯示著「新宿女學生俱樂部」幾個大字，並且有一位臉部被遮住的裸體女性。

「啊，這確實是會穿水手服的工作。」我說。

「對吧。」

「這制服還滿可愛的。」內心雖然有些震撼，表面上卻故作鎮定，我稱讚了她的水手服。

「這是我最喜歡的水手服。」她說。

我原本只是開玩笑說想買水手服，在她心中，卻成了我們擁有同樣愛好的證據。她沒有吐槽也沒有笑，我們開始討論起各種水手服的可愛之處。當我們討論完一輪之後，文學少女突然驕傲地宣布：「順便提一下，我是這家店的排名第一哦！」

東京真是一個奇妙的城市。

後來，我們來到芥川獎得獎作家又吉直樹在《火花》一書中提到過的「くぐつ草」，那是一間洞窟風格的咖啡館，室內充滿柔和的間接照明，咖啡香氣瀰漫，是一個和風的寧靜空間。

我們點了咖啡和吐司，開始談論起水手服這個話題。我一度懷疑她也在搞笑，但看她平靜說著、偶爾微微一笑的樣子，感覺她真心喜愛水手服，並為自己的工作感到自豪。她聊開了，我完全找不到結束這個話題的切入點。

彼時的我雖然還不會品味咖啡，但這裡烘焙出來的濃郁咖啡香，連懵懂的我也深深著迷。浸滿奶油的吐司柔軟可口，每一口都充滿奶油香，鹹味的奶油與麵包的軟甜，加上咖啡香，讓人心情平靜。

耳邊依稀傳來她在談論水手服的蝴蝶結顏色，我不想繼續這個討論，但既然是我主動邀請她擔任導遊，就希望建立良好關係。於是我開始問起更多關於她工作的事情。

「店裡會來什麼樣的客人？」我好奇地問。

「和尚。」她輕描淡寫地說。

那一刻，我真切感受到漫畫裡描繪的噴咖啡場景絕非誇張。她絲毫沒有察覺我的驚異，兀自說著：「一週三次，他會在早上點我。」

「穿著袈裟來嗎？」

「當然不會。」

「這簡直就是酒肉和尚了吧！」我忍不住批判起來。

「但他是我的男朋友。」她輕輕說著。

我第一次聽說和尚也會去那種店，同時後悔自己問了這個問題，急忙想轉換話題，內心卻無法平靜。

「妳從早到晚都在工作嗎？」我努力開了新話題。

「不，只是早上。」她簡單回答。

「那下午呢？」我不安地問。

「AV女優。」她平靜地說。

「AV女優」四個字在洞窟般的空間裡迴響，反覆在我心中震盪。

她喝了一口咖啡，直視著我說：「能不能給我一些戀愛建議？」

東京真是一個奇妙的城市。

文學少女告訴我，早晨的寺院工作結束後，那位和尚每週三次會去新宿女學生俱樂部找她，然後再去替信徒講經。我二十一歲的時候完全不知道日本有這樣的宗教流派存在，竟然有和尚與新宿女學生俱樂部的小姐交往，甚至還有其他女性。這話是從一位職業是AV女優的文學少女那裡聽來的。

連居酒屋師傅都驚嘆的極品海苔

我們足足聊了六個小時，已經過了晚上六點，天也黑了。我們的最後一站是高田馬場車站的一家小居酒屋。

這家居酒屋的門很小，需要彎腰才能進去。裡面只有三張桌子和一個吧台，是間溫馨的小店。暖色燈光微微照亮了座位，讓我幾乎看不到旁邊的文學少女和對面的師傅，這樣的環境讓人更能專心於食物的味道。

文學少女說，她幾乎每天都來這裡喝點日本酒，吃點小菜才回家。我們點了她推薦的料理和酒。雖然我對日本酒不太熟悉，但每一款都有濃郁的米香和甜味，帶著淡淡的酒精辛辣感，二十一歲的我也能一杯接一杯喝下去。

「妳應該跟他分手吧！」

「我愛他！」

不知不覺間，我們像十年老友般敞開心扉交談。酒精的催化作用，加上昏暗的燈光，將我們與外界隔絕開來，我們聊著那位和尚的壞話，但無論怎麼說，她的結論始終是：「我愛他！」

居酒屋師傅笑著說：「她經常在這裡喝醉後哭泣。」

聽膩了和尚的故事後，我告訴師傅：「這是我第一次來東京。」於是，他開始滔滔不絕說了起來，從關西和東京的高湯文化差異、醬油的不同、師傳文化到壽司的差異等等。

師傅精心烹製的料理中有煮物和關東煮，這些在關西也能吃到，但這裡的味道較濃，醬油的味道和香氣很強烈。每一口都讓人覺得美味，同時也覺得味道濃厚。這確實是比大阪更寒冷的氣候所需要的鹽分。

「東京比大阪冷啊！」我感嘆道。

「你是說人冷漠嗎？」師傅笑著問。他一邊笑一邊為我斟上文學少女推薦的另一款日本酒。「東京人其實都很溫暖，只是太忙了，沒有時間去關心別人，並不是冷漠。」師傅的表情確實很溫暖。

我轉頭看向文學少女，她已經一口氣喝完日本酒，眼淚汪汪地說：「我愛他！」她一邊拭淚一邊說著。

她不是道地東京人，從京都來到東京，並沒有變得冷漠，反而熱情地當我的導遊。確實，東京人比我想像中更溫暖，不那麼冷漠。然而，一整天聽到關於酒肉和尚和AV業界的故事，對二十一歲的我來說實在太沉重了。

「最後來嚐嚐『幻之海苔』吧！」師傅建議道。

他用輕快的手法，從黑漆鋁罐中取出輕盈的海苔，迅速在七輪（*）上炙烤後，呈現給我們。

在七輪的炭火劈啪作響與文學少女的啜泣聲交織中，海苔靜靜地降落在盤子上。那黑色的海苔宛如夜晚的螢火蟲般散發光芒，烤炙的熱氣喚起了海洋的記憶，海味撲鼻而來。這氣味與早晨喝的咖啡香截然不同，讓人感受到壯闊的海洋氣息。

「海苔只有烤過才算完成。」師傅說。

「這種海苔特別設計成在家裡最後烤製，因此不烤就無法釋放其香味和味道。」文學少女一邊喝著新倒的日本酒一邊解釋。「這海苔是每年從京都一家名店特別購得的，平常根本買不到。」

師傅滿懷感動地說：「我第一次品嚐時，覺得沒有其他海苔能比得上。」

原來每年新年，文學少女都會返回京都，年後，她抱著海苔回到東京。她笑著說，由於自己不會做菜，每次都交由師傅炙烤。我想，連師傅都驚嘆的海苔，應該極其美味吧！

一口咬下去，酥脆的口感和海洋的香氣在口中蔓延，昏暗的店內彷彿一秒變成夏季的海邊。數秒後，海苔幻化般在口中融化，帶來前所未有的感動。沒想到能遇到這樣高標準的海苔。殘酷的是，即使回到大阪或京都，也無法買到這種極品海苔。

「真的買不到嗎？」我問文學少女。

「絕對買不到。」

＊七輪：日語：しちりん，在昭和時代是日本家庭常用的烹飪器具。形狀多為圓筒形或四角形，也有長方形的，以木炭作為燃料。

「順便問一下，這海苔多少錢？」

她笑著說：「一口大約一千日圓。」聽到一本小說大小的二十片海苔要三萬日圓，我驚訝不已。對二十一歲的我來說，確實是買不起的海苔。

此時此刻，空間裡只有我、文學少女和師傅，放眼四顧只有海苔和日本酒的孤獨空間，卻因為酒香和海苔香如此契合，我的內心感覺無比豐富。唯一遺憾的是，在這樣豐富的時光裡，佐酒小菜竟是酒肉和尚的惡行，實在有點掃興。

夜晚十點，文學少女說：「明天要和和尚約會。」所以提前回去了。

十五年後，當我再次站在高田馬場車站，為的是尋找記憶中的居酒屋。雖然過了十五年，不看地圖也能奇妙找到店址。

然而，那裡已經沒有居酒屋，而是一間烤肉店。文學少女和師傅都不在裡面，就像那天幻影般消失在味蕾的海苔，店也不復存在。

她和和尚的結果如何？她今年將如何享用海苔？我再也無從得知。

也許，那天的經歷也只是海苔所呈現的幻影吧！

TASTY NOTE

在日本的超市裡，最常見的是「燒海苔（烤海苔）」和「味付け海苔（調味海苔）」，只有走進專門的海苔店，才能買到最原始的「生海苔」。

在日本，海苔本來就設計成要「烤」過才算完成。細看海苔會發現，一面比較粗糙、一面光滑；光滑的那面才是正面。

將兩片海苔的正面相貼疊好後，用爐火隔著距離快速炙烤到大約手心的溫度，香氣瞬間迸發，口感變得更加酥脆，這才是海苔的最佳狀態。只要把這樣的海苔，搭配剛煮好的白飯，就足以讓人一口接一口，吃到停不下來。

當然，將調味海苔或原本就烤過的海苔再輕炙一下，滋味也會更上一層樓；想吃出海苔的真滋味，請務必試試「炙烤」這一招。

如果你是害怕明火的「森林小動物」型人格，只要利用烤箱預熱後的餘溫，放進海苔約三十秒，也能輕鬆享受同樣的美味喔！

後記——味道就是我的任意門

說起「媽媽的味道」，你首先想到的是什麼？

肉粽、豬腳，或者，一碗香到不行的滷肉飯。

對我這個日本人來說，家的味道是肉粽。是不是有點意外？不是味噌湯、馬鈴薯燉肉，也不是玉子燒喔！是台灣人很熟悉的肉粽。

因為，我的媽媽是台灣人，我和她的美味記憶，其實和這塊土地上的人沒有太多不同。

雖然我從小在日本長大，搬到台灣之後，開始在社群上分享日本家常菜，幸運地還出了食譜書。要說每道菜都裝滿回憶好像太誇張了，但確實有不少味道，一入口就能把往事勾回來。

小學時借食譜做出的飯糰可樂餅、半夜和媽媽在路邊攤嗑的熱騰騰拉麵、陪失戀好友旅行時嚐到的魷魚、不知名女孩塞給我的一片海苔、跟爸爸泡完錢湯後咕嚕咕嚕喝下的玻璃瓶牛奶——這些味道拼湊起來，才有現在的我。

即便AI再進步、自駕車滿街跑，世界上還是沒有哆啦A夢的任意門，也沒有時光機；但只要咬下一口回憶中的食物，味道就是我的任意門，帶我瞬間穿越，回到過去。

這些回憶對我來說都是珍寶，感謝出版社讓原本可能悄悄消失的點滴，得以留在紙上，也謝謝此刻翻開書的你——多虧有你，這些故事才能真正被看見、聽見，並且透過食譜復刻，親身品嚐。

是不是比時光機還要神奇？

從前、現在、往後，還想再吃一次的料理

作　　者　KAZU
責任編輯　呂增娣、錢嘉琪
校　　對　魏秋綢、李曼瑩
封面設計　劉旻旻
內頁設計　劉旻旻
副總編輯　呂增娣
總 編 輯　周湘琦

董 事 長　趙政岷
出 版 者　時報文化出版企業股份有限公司
108019 台北市和平西路三段 240 號 2 樓

發行專線　(02)2306-6842
讀者服務專線　0800-231-705　(02)2304-7103
讀者服務傳真　(02)2304-6858
郵　　撥　19344724 時報文化出版公司
信　　箱　10899 臺北華江橋郵局第 99 信箱

時報悅讀網　http://www.readingtimes.com.tw
電子郵件信箱　books@readingtimes.com.tw
法律顧問　理律法律事務所　陳長文律師、李念祖律師
印　　刷　華展印刷有限公司
初版一刷　2025 年 7 月 18 日
定　　價　新台幣 460 元

時報文化出版公司成立於 1975 年，並於 1999 年股票上櫃公開發行，於 2008 年脫離中時集團非屬旺中，以「尊重智慧與創意的文化事業」為信念。

從前、現在、往後，還想再吃一次的料理 / Kazu 著 . -- 初版 . -- 臺北市 : 時報文化出版企業股份有限公司 , 2025.07
面 ;　公分

ISBN 978-626-419-641-3(平裝)

1.CST: 飲食 2.CST: 文集

427.07　　114008368

ISBN 978-626-419-641-3
Printed in Taiwan.

昔も今も、そしてこれからも、またおかわりしたい